Saad Moeeni

Gestão da qualidade das águas residuais através de lagoas de estabilização de resíduos

Saad Moeeni

Gestão da qualidade das águas residuais através de lagoas de estabilização de resíduos

ScienciaScripts

Imprint

Any brand names and product names mentioned in this book are subject to trademark, brand or patent protection and are trademarks or registered trademarks of their respective holders. The use of brand names, product names, common names, trade names, product descriptions etc. even without a particular marking in this work is in no way to be construed to mean that such names may be regarded as unrestricted in respect of trademark and brand protection legislation and could thus be used by anyone.

Cover image: www.ingimage.com

This book is a translation from the original published under ISBN 978-3-330-34920-9.

Publisher:
Sciencia Scripts
is a trademark of
Dodo Books Indian Ocean Ltd. and OmniScriptum S.R.L publishing group

120 High Road, East Finchley, London, N2 9ED, United Kingdom
Str. Armeneasca 28/1, office 1, Chisinau MD-2012, Republic of Moldova, Europe
Printed at: see last page
ISBN: 978-620-7-62015-9

GESTÃO DE ÁGUAS RESIDUAIS ATRAVÉS LAGOAS DE ESTABILIZAÇÃO DE RESÍDUOS

BY

Saad Asghar Moeeni

RECONHECIMENTO

Escolher as palavras adequadas para exprimir a nossa gratidão para com os beneficiários é uma das tarefas mais difíceis da vida. Estou muito grato a Deus todo-poderoso, que me ajudou ao longo do projeto e me transformou naquilo que sou hoje.

(Dr.) J. Lordwin Girish Kumar, Professor Associado, Departamento de Engenharia e Gestão da Água do Solo e da Terra, Escola Vaugh de Engenharia e Tecnologia Agrícola, VSAET em Allahabad, pela sua valiosa orientação e encorajamento para a conclusão bem sucedida do projeto.

Expresso os meus sinceros agradecimentos a Cherish Noora, do Departamento de Química, por ter dado orientações para a investigação.

Dr. Alex Thomas, ao Professor Associado Dr. Arpan Sherring e ao Professor Associado Dr. Santosh Kumar Srivastava, SHIATS, Allahabad, pela orientação e comentários que recebi ao longo do meu projeto e, por último, gostaria de expressar a minha gratidão aos meus pais, professores e a todos os meus amigos pelo seu apoio e suporte que recebi ao longo do projeto.

Data:

Local. Allahabad

Saad Asghar Moeeni

ÍNDICE

CAPÍTULO - 1
INTRODUÇÃO

ÁGUA

A água é uma substância química comum que é essencial para a sobrevivência de todas as formas de vida conhecidas. Na utilização habitual, a água refere-se apenas à sua forma ou estado líquido, mas a substância também tem um estado sólido, o gelo, e um estado gasoso, o vapor de água ou vapor. Outra água encontra-se retida em calotes polares, glaciares, aquíferos ou lagos, fornecendo por vezes água doce para a vida em terra. A água move-se continuamente através de um ciclo de evaporação ou transpiração (evapotranspiração), precipitação e escoamento, chegando normalmente ao mar. Os ventos transportam o vapor de água sobre a terra ao mesmo ritmo que o escoamento para o mar, a água potável limpa e fresca é essencial para a vida humana e outras. No entanto, em muitas partes do mundo - especialmente nos países em desenvolvimento - há uma crise de água e estima-se que, em 2025, mais de metade da população mundial estará a enfrentar uma vulnerabilidade baseada na água. A água desempenha um papel importante na economia mundial, uma vez que funciona como solvente para uma grande variedade de substâncias químicas e para as instalações de arrefecimento industrial e de transporte. Cerca de 70% da água doce é consumida pela agricultura.

Qualidade da água:-

A qualidade da água é constituída pelas características físico-químicas e biológicas da água em relação a um conjunto de normas. As principais utilizações consideradas para esta caraterização são os parâmetros relacionados com a água potável, a segurança do contacto humano e a saúde dos ecossistemas. Os métodos de hidrometria (a hidrometria é a monitorização dos componentes do ciclo hidrológico, incluindo a precipitação, as características das águas subterrâneas, bem como a qualidade da água e as características do caudal das águas superficiais) são utilizados para quantificar as características da água.

Qualidade das águas residuais

As águas residuais são quaisquer águas cuja qualidade tenha sido afetada negativamente por influência antropogénica. Inclui resíduos líquidos descarregados por residências domésticas, propriedades comerciais, indústria e/ou agricultura e pode abranger uma vasta gama de potenciais contaminantes e concentrações.

É de salientar que não existe uma correlação generalizada entre a CBO a 5 dias e a CBO final.

Do mesmo modo, não existe uma correlação generalizada entre a CBO e a CQO. É possível desenvolver tais correlações para um contaminante de resíduos específico e um fluxo de águas residuais específico, mas essa correlação não pode ser generalizada para utilização com quaisquer outros contaminantes de resíduos ou fluxos de águas residuais.

Os esgotos podem escoar diretamente para uma bacia hidrográfica importante com um tratamento mínimo ou inexistente. Quando não são tratadas, as águas residuais podem ter impactos graves na qualidade do ambiente e na saúde das pessoas. Os agentes patogénicos podem causar uma série de doenças. Algumas substâncias químicas representam riscos mesmo em concentrações muito baixas e podem permanecer uma ameaça durante longos períodos de tempo devido à bioacumulação em tecidos animais ou humanos.

Poluição da água

A poluição da água é a contaminação de massas de água como lagos, rios, oceanos e águas subterrâneas causada por actividades humanas, que podem ser prejudiciais para os organismos e plantas que vivem nessas massas de água.

Embora fenómenos naturais como vulcões, proliferação de algas, tempestades e terramotos também causem grandes alterações na qualidade da água e no estado ecológico da água, a água é normalmente referida como poluída quando é afetada por contaminantes antropogénicos e não suporta uma utilização humana (como servir de água potável) ou sofre uma mudança acentuada na sua capacidade de suportar as comunidades bióticas que a constituem. A poluição da água tem muitas causas e características. As fontes primárias de poluição da água são geralmente agrupadas em duas categorias com base no seu ponto de origem. A poluição de origem pontual refere-se a contaminantes que entram num curso de água através de uma "fonte pontual" distinta. Exemplos desta categoria são as descargas de uma estação de tratamento de águas residuais, os emissários de uma fábrica, as fugas de tanques subterrâneos, etc. A segunda categoria principal, a poluição de origem não pontual, refere-se à contaminação que, como o seu nome sugere, não tem origem numa única fonte discreta. A poluição de origem não pontual é frequentemente um efeito cumulativo de pequenas quantidades de contaminantes recolhidos numa grande área. O escoamento de nutrientes nas águas pluviais, resultante do escoamento superficial de um campo agrícola, ou de metais e hidrocarbonetos de uma zona com elevada impermeabilização e tráfego de veículos são exemplos de poluição de origem não pontual. Nas últimas décadas, a legislação e os esforços para reduzir a poluição da água centraram-se principalmente nas fontes pontuais.

medida que as fontes pontuais foram sendo efetivamente regulamentadas, passou a ser dada maior atenção às contribuições das fontes não pontuais, especialmente em zonas em rápida urbanização/suburbanização ou em desenvolvimento.

Todos os rios são a linha de vida das cidades. São correntes naturais de água, geralmente de água doce, que correm em direção a um oceano, a um lago ou a outro curso de água e são a componente do ciclo da água. Os rios proporcionam um meio fácil de eliminação de resíduos. Existem várias fontes de poluição da água, que actuam em conjunto para reduzir a qualidade global da água dos rios. A indústria e a agricultura descarregam resíduos líquidos. A chuva, ao cair no ar ou ao escoar das zonas urbanas e dos terrenos agrícolas, absorve os contaminantes.

Muitos resíduos industriais descarregados na água são misturas de produtos químicos difíceis de tratar. Alguns resíduos industriais são tão tóxicos que são objeto de um controlo rigoroso, o que torna o seu tratamento um problema dispendioso. Algumas empresas tentam reduzir os custos do tratamento seguro dos resíduos, despejando ilegalmente produtos químicos em alturas e locais onde pensam que não serão apanhadas.

As fábricas de coque produzem gás e coque para fins metalúrgicos e também fornecem as matérias-primas para o fabrico de corantes, medicamentos e explosivos.

O carvão encontrado naturalmente é convertido em coque nos fornos de coque e é utilizada uma grande quantidade de água para extinguir o coque quente e para lavar o gás. Os efluentes gerados contêm um elevado teor de sólidos suspensos, CBO, CQO, fenóis, amoníaco e outras substâncias tóxicas, que causam um grave problema de poluição da água.

A NECESSIDADE DE TRATAMENTO DAS ÁGUAS RESIDUAIS

As águas residuais têm de ser adequadamente tratadas antes de serem eliminadas ou reutilizadas, a fim de

(a)   Proteger as águas receptoras da contaminação fecal grosseira, uma vez que são frequentemente utilizadas como fonte de água potável não tratada pelas comunidades a jusante (ou, no caso das águas costeiras, utilizadas para a pesca de marisco);

(b)   Proteger as águas receptoras contra o esgotamento de oxigénio prejudicial e os danos ecológicos; e

(c)   Produzir efluentes microbiologicamente seguros para reutilização agrícola e aquícola (por exemplo, irrigação de culturas e fertilização de tanques de piscicultura).

À medida que os esgotos, tanto convencionais como não convencionais (a letra que inclui esgotos simplificados e comunidades de esgotos instaladas), se tornam mais comuns na Índia, também o será a necessidade de sistemas de tratamento de águas residuais adequados e sustentáveis. Esses sistemas têm de ser de baixo custo, fáceis de operar e manter, e muito eficientes na remoção da matéria orgânica (CBO) e da vasta gama de agentes patogénicos excretados presentes nas águas residuais.

LAGOAS DE ESTABILIZAÇÃO DE RESÍDUOS

Um WSP é uma massa de águas residuais relativamente pouco profunda, contida numa bacia de terra feita pelo homem, para a qual as águas residuais fluem e da qual, após um certo tempo de retenção (tempo que o efluente leva a fluir da entrada para a saída), é descarregado um efluente bem tratado. Muitas características tornam o WSP substancialmente diferente de outros tratamentos de águas residuais. Estas incluem a simplicidade de conceção, construção e funcionamento, a relação custo-eficácia, os baixos requisitos de manutenção, os baixos requisitos energéticos, a facilidade de adaptação para atualização e a elevada eficiência.

Nos climas mais quentes (Médio Oriente, África, Ásia e América Latina) as lagoas são normalmente utilizadas para grandes populações (até cerca de 1 milhão). Nos países em desenvolvimento e especialmente nas regiões tropicais e equatoriais, o tratamento de águas residuais por WSPs tem sido considerado uma forma ideal de utilizar processos naturais para melhorar os efluentes de esgotos.

As lagoas de estabilização de resíduos (WSP), muitas vezes referidas como lagoas de oxidação ou lagoas, são bacias de retenção utilizadas para o tratamento secundário de águas residuais (efluentes de esgotos) onde a decomposição da matéria orgânica é processada naturalmente, ou seja, biologicamente. A atividade no WSP é uma simbiose complexa de bactérias e algas, que estabiliza os resíduos e reduz os agentes patogénicos. O resultado deste processo biológico é a conversão do conteúdo orgânico do efluente em formas mais estáveis e menos ofensivas. Os WSP são utilizados para tratar uma grande variedade de águas residuais, desde águas residuais domésticas a águas industriais complexas, e funcionam numa vasta gama de condições climatéricas, isto é, tropicais a árcticas. Podem ser utilizados isoladamente ou em combinação com processos de tratamento.

VANTAGENS DAS LAGOAS DE ESTABILIZAÇÃO DE RESÍDUOS

As lagoas de estabilização de resíduos (WSP) são bacias artificiais pouco profundas para as quais as águas residuais fluem e das quais, após um tempo de retenção de vários dias (em vez de várias horas nos processos de tratamento convencionais), é descarregado um efluente bem tratado. Os sistemas WSP são constituídos por uma série de lagoas - anaeróbias, facultativas e de maturação múltipla. As vantagens dos sistemas WSP, que podem ser resumidas em simplicidade, baixo custo e alta eficiência, são as seguintes

Simplicidade

Os WSP são simples de construir: a terraplanagem é a atividade principal; as outras obras de construção civil são mínimas - tratamento preliminar, entradas e saídas, proteção do aterro do lago e, se necessário, revestimento do lago. Também são simples de operar e manter: as tarefas de rotina incluem o corte da relva do aterro, a remoção da espuma e de qualquer vegetação flutuante da superfície do lago, a manutenção das entradas e saídas desobstruídas e a reparação de quaisquer danos nos aterros. Apenas é necessária mão de obra não qualificada, mas cuidadosamente supervisionada, para a O & M do tanque.

Baixo custo

Devido à sua simplicidade, os WSP são muito mais baratos do que outros processos de tratamento de águas residuais. Não há necessidade de equipamento eletromecânico dispendioso (que requer manutenção regular e especializada), nem de um elevado consumo anual de energia eléctrica.

Processo de tratamento	Consumo de energia (k Wh/ano)
Lamas activadas	10,000,000
Lagoas aeradas	8,000,000
Biodiscos	1,200,000
Lagoas de estabilização de resíduos	Nulo

Objetivo:

i. Aceder às características químicas e biológicas da qualidade das águas residuais de várias fontes no SHIATS.

ii. Desenvolver e projetar lagoas de estabilização de resíduos para o tratamento de águas residuais.

iii. Fornecer aos projectistas, construtores e operadores de bacias de estabilização de resíduos informações adequadas para o desenvolvimento e operação de bacias de estabilização de resíduos para uma gama de aplicações.

CAPÍTULO -II
REVISÃO DA LITERATURA

Este capítulo apresenta uma breve revisão da literatura relacionada citada para o presente trabalho de investigação. Foi agrupada nos seguintes subtítulos.

I.   Resíduos industriais e qualidade da água

II.   Efeito dos resíduos industriais

III.   Qualidade da água

IV.   Análise estatística

4.1   Resíduos industriais e qualidade da água

Hazen e Esch (1983) estudaram o efeito dos efluentes de uma fábrica de fertilizantes azotados e de uma fábrica de pasta de papel na distribuição e abundância de Aeromonas hydrophila em Albemarle Sound, Carolina do Norte. A densidade de *Aeromonas hydrophila*, a contagem padrão de bactérias, as bactérias coliformes fecais e 18 parâmetros físicos e químicos foram medidos simultaneamente em seis locais durante 12 meses em Albemarle Sound, Carolina do Norte. Verificou-se que o impacto da fábrica de pasta de papel na qualidade da água era agudo, ao passo que o da fábrica de fertilizantes azotados era crónico e muito mais subtil. Os estudos em câmaras de difusão indicaram que a sobrevivência de A. hydrophila aumentava com os efluentes da fábrica de celulose e diminuía com os efluentes da fábrica de fertilizantes azotados. A partir da análise de correlação e regressão, verificou-se que a A. hydrophila era diretamente afetada pela densidade do fitoplâncton e, por conseguinte, indiretamente pelas concentrações de fosfato, nitrato e carbono orgânico total. Estas duas fontes pontuais foram suspeitas como causas indirectas das epizootias da doença da ferida vermelha, uma doença dos peixes causada por A. hydrophila.

Ahluwalia *et al* (1989) analisaram as características físico-químicas dos efluentes industriais. Foi efectuado um levantamento geral de várias zonas circundantes poluídas e foram recolhidos os efluentes descarregados por diferentes fábricas. O bioensaio de algas destes efluentes foi realizado em condições laboratoriais utilizando uma alga colonial verde, *scenedesmus* sp. Verificou-se que o efluente da fábrica de galvanoplastia (pH 1,9) era altamente tóxico para o crescimento de algas. O efluente da fábrica de ghee era neutro e suportava o crescimento de algas em todas as concentrações utilizadas. No entanto, o efluente descarregado após o tratamento com ácido sulfúrico teve efeitos severos no crescimento das algas, mesmo a uma concentração de 2%. Os efluentes das fábricas de aço, de automóveis e de fertilizantes também foram inibitórios em concentrações relativamente mais elevadas de alguns efluentes que suportaram o crescimento das algas.

Palmer e OKeefe (1990) estudaram os efeitos a jusante de represas sobre a química de troços pristinos e poluídos do rio Buffalo no contexto do conceito de descontinuidade em série. Verificou-se que os represamentos que recebiam água de bacias superiores quase pristinas causavam alterações da qualidade da água que eram consistentes com o conceito de descontinuidade em série e que a recuperação para condições de reverie ocorria num raio de 2,6 a 18,4 km da barragem, dependendo do caudal. Os represamentos que receberam escoamento agrícola e efluentes urbanos provocaram, em geral, uma melhoria da qualidade da água nas zonas a jusante (com exceção das concentrações de nitratos, que foram mais elevadas nas águas de cauda do que nas águas de entrada). Por conseguinte, os represamentos com afluências poluídas geralmente "repõem" o rio no seu estado natural, em vez de actuarem como perturbações. Este facto representa uma inversão do conceito de descontinuidade de série descrito para os rios puros. Os efeitos a jusante dos represamentos na química da água dependem, portanto, do impacto relativo de outras perturbações nas bacias hidrográficas. Estas perturbações tornaram-se mais graves durante o caudal baixo e foi durante esse período que os represamentos tiveram o maior efeito no rio.

Dekker *et al* **(1992)** utilizaram a teledeteção como instrumento de avaliação da qualidade da água nos lagos de Loosdrecht. Verificou-se que o aumento significativo da correlação dos dados de teledeteção com os parâmetros de qualidade da água podia ser conseguido através da utilização selectiva de bandas de 10 a 20 nm de largura na gama espetral de 500 a 720 nm nestas águas eutróficas. A soma da clorofila e dos feopigmentos, o peso seco de sexton, a transparência do disco de Secchi, os coeficientes de atenuação vertical da luz, a absorção e a dispersão puderam ser estimados com exatidão. Os dados de imagens TM para avaliação da qualidade da água foram considerados de utilidade limitada devido à resolução espetral e radiométrica relativamente baixa.

Allen (1993) observou que os metais entram numa série de reacções que incluem a complexação, a precipitação e a sorção no ambiente. Verificou-se que estas reacções afectam a sua mobilidade e biodisponibilidade. Quando a concentração de metal adicionado era inferior à concentração molar de sulfureto ácido volátil (AVS), os sedimentos não eram tóxicos e a matéria orgânica controlava a sorção do metal nestas circunstâncias.

Sangodoyin (1995) descreveu os sistemas existentes de recolha e eliminação de águas residuais industriais na metrópole de Lagos, na Nigéria. O autor examinou a taxa de produção de águas residuais nas indústrias de tintas, alimentos e bebidas, baterias, têxteis, cervejeiras e pasta de papel e papel. Verificou-se que a carência bioquímica de oxigénio, o pH e a temperatura variavam entre 44-6000mg/l, 4,5-9,5 e 30-40°C, respetivamente. Identificou também os problemas enfrentados pelos industriais no tratamento e eliminação das águas residuais e apresentou sugestões para minimizar a poluição ambiental causada pelos efluentes industriais.

Uba *et al* **(1995)** avaliaram as águas residuais de uma fábrica de adubos que produzia NH_3, ureia, fosfato diamónico (DAP) e azoto-fósforo-potássio (NPK) para determinar a qualidade microbiológica dos efluentes das várias unidades de produção de adubos e as alterações da qualidade muito depois do início da produção dos vários tipos de adubos. As características das águas residuais foram monitorizadas durante 18 meses, correspondendo às várias fases de produção dos diferentes minerais fertilizantes. Verificou-se que as flutuações destes parâmetros foram atribuídas a variações sazonais, a volumes de efluentes variáveis, devido ao aumento da capacidade de produção da fábrica de fertilizantes e ao tipo de mineral fertilizante produzido. Foi sugerida uma revisão do sistema de tratamento de resíduos na fábrica de fertilizantes, de forma a minimizar o impacto dos componentes poluentes dos efluentes na ecologia da ribeira recetora. Obtiveram-se resultados variáveis para as contagens de coliformes totais e coliformes fecais, com um intervalo de 0 a > 1100 NMP/1O0 ml. As populações de bactérias heterotróficas aeróbias cultiváveis variaram de 0,53 a 3100 x 10^3 ufc/ml.

Bichi e Anyata (1999) estudaram a poluição da água na bacia do rio Kano, que serve como principal fonte de abastecimento de água à região metropolitana de Kano. Este rio é também utilizado como corpo recetor de resíduos industriais das zonas industriais de Sharada e Challawa. Dos três principais rios desta bacia, o rio Salanta foi o mais poluído pelas descargas industriais, com uma CQO de 8557,4 mg/l, sólidos totais de 16934,6 mg/l, dureza de 1349,6 mg/l de CaCO3 e azoto amoniacal de 5150,0 mg/l. O rio Challawa tinha uma CQO de 598,7 mg/l, sólidos totais de 1609,9 mg/l, dureza de 1332,0 mg/l de CaCO3 e azoto amoniacal de 400 mg/l. Estes dois rios desaguam no rio Kano, onde a CQO era de 1166,9 mg/l, os sólidos totais de 1458,0 mg/l, a dureza de 2506,8 mg/l e o azoto amoniacal de 530 mg/l. Embora a água destes rios estivesse a ser amplamente utilizada para abastecimento de água, irrigação e pesca, a qualidade da água era considerada inadequada para estes fins. Por conseguinte, foi sugerido o pré-tratamento das águas residuais por todas as indústrias, a imposição de taxas directas sobre os efluentes industriais pela agência reguladora e a monitorização e vigilância contínuas para garantir a proteção da qualidade dos recursos hídricos na bacia.

Subrahmanyam _et al_ (2001) estudaram os efeitos de múltiplas fontes de poluentes industriais no sistema de águas subterrâneas nas Áreas de Desenvolvimento Industrial (IDAs) do distrito de Medak, Andhra Pradesh. Verificou-se que a qualidade das águas subterrâneas na região foi afetada negativamente devido à descarga de efluentes em terrenos abertos e em lagos, tanques e ribeiros. Foram recolhidas amostras de água de massas de água superficiais, poços escavados e poços perfurados, que foram analisadas quanto às suas concentrações de iões principais. Os valores elevados da condutividade eléctrica (CE) e as concentrações de Na^+, Ca^{2+}, Cl^-, e HCO_3^- indicaram o impacto dos efluentes industriais. Com base na hidroquímica, as águas subterrâneas foram classificadas em vários tipos, tais como cloreto de sódio, carbonato de sódio, cloreto de cálcio e cloreto de magnésio. A aptidão da água para consumo e irrigação foi avaliada. Os estudos permitiram delimitar as zonas de águas subterrâneas contaminadas e as zonas susceptíveis de serem contaminadas num futuro próximo. Verificou-se que a água na área se deteriorou ao longo de Nakka Vagu (distrito de Medak, Andhra Pradesh) até uma distância máxima de 500-700 m da margem oriental. A qualidade das águas subterrâneas em Patancheru e arredores (até uma profundidade de 30 m) tornou-se perigosa.

Mitchell *et al* (2002) analisaram o estado atual dos ensaios de toxicidade aquática em relação às espécies de ensaio e à metodologia. Foram comparados os resultados da exposição de compostos individuais com os de misturas químicas. Foi discutida a aplicação de modelos matemáticos para prever a toxicidade das misturas químicas, a fim de reduzir a necessidade de gerar grandes quantidades de dados experimentais. Foram introduzidas as diferentes abordagens regulamentares entre a América do Norte e a Europa para testar a toxicidade das descargas no ambiente aquático.

Lim (2003) estudou as variações de sedimentos em suspensão, nutrientes e variáveis inorgânicas no escoamento através da recolha de amostras de água em contínuo e em eventos de tempestade durante um período de onze meses. Verificou-se que os eventos de tempestade e as actividades antropogénicas exerciam a maior influência na qualidade do escoamento. Foram derivadas relações de classificação concentração-descarga para avaliar o método da curva de classificação para calcular a carga das variáveis monitorizadas. As fracas relações de classificação indicaram que o método não era adequado para a estimativa da carga nesta bacia hidrográfica. Por conseguinte, foi utilizado um método de interpolação para calcular as cargas de sedimentos. Os resultados preliminares sublinharam a importância de efetuar estudos em pequena escala e a relativamente curto prazo para identificar e avaliar problemas específicos de qualidade da água em cada bacia hidrográfica. Concluiu-se que essa estratégia de amostragem pode ser mais útil do que a amostragem de rotina ou contínua para planear estratégias de monitorização mais pormenorizadas e opções de gestão adequadas a bacias hidrográficas perturbadas.

Verslycke *et al* (2003) estudaram os critérios de qualidade da água com base em dados obtidos em ensaios de toxicidade, principalmente com substâncias tóxicas individuais. Foram efectuados ensaios de toxicidade de 96 horas com mercúrio, cobre, cádmio, níquel, zinco e chumbo. Os ensaios foram efectuados para compostos individuais e misturas dos seis. As concentrações dos metais individuais das misturas equitóxicas foram calculadas utilizando o modelo de concentração-adição. Verificou-se que o teste de toxicidade de 96 horas para o metal individual, a uma salinidade de 5%, variou entre 6,9 e 1140 mg/l com a seguinte classificação de toxicidade: Hg>Cd>Cu>Zn>Ni>Pb. O aumento da salinidade de 5 para 25% resultou numa menor toxicidade e em concentrações mais baixas do ião livre para todos os metais. Este efeito da salinidade foi mais forte para o cádmio e o chumbo e pode ser atribuído à complexação com iões cloreto. A toxicidade do níquel, do cobre e do zinco foi afetada em menor grau pela salinidade. O teste de toxicidade de 96 horas para o mercúrio foi o mesmo para ambas as salinidades. A fim de avaliar a influência da alteração das condições de salinidade na toxicidade aguda das misturas de metais, foram efectuados testes a diferentes salinidades (5, 10, 15 e 25%). O valor do teste de toxicidade de 96 horas

(1,49 U.T.) da mistura de metais, a uma salinidade de 5%, foi claramente inferior ao valor esperado (6 U.T.). A alteração da salinidade teve um efeito profundo na toxicidade da mistura. A toxicidade diminuiu claramente com o aumento da salinidade até 15%. Salinidades mais elevadas (25%) não tiveram mais influência no teste de toxicidade de 96 horas da mistura, que se situou num valor entre 4,4 e 4,6.

Ezeronye e Ubalua (2005) determinaram os níveis de chumbo, ferro, zinco, cobre, arsénio, cobalto, crómio, manganês, mercúrio-cádmio e o perfil microbiano em amostras de água do rio Aba. Os exames físico-químicos revelaram que o manganês (0,03 mg/l), o zinco (4,81 mg/l) e o cobre (0,19 mg/l) se encontravam abaixo dos níveis máximos permitidos pela Agência de Proteção do Ambiente dos Estados Unidos (USEPA), enquanto o chumbo (0,064 mg/l), o ferro (0,81 mg/l), o arsénio (0,1 mg/l), o crómio (0,006 mg/l) e o mercúrio (0,009 mg/l) eram elevados, mas não significativamente. O estudo indicou que a capacidade de assimilação de resíduos do rio era elevada. Os exames quantitativos dos microorganismos revelaram a presença de $2,05 \times 10^8$ bactérias viáveis (ufc/ml). As formas bacterianas predominantes incluem espécies de Staphylococcus, Streptococcus faecalis, Escherichia coli, espécies de Salmonella, Bacillus e espécies de Clostridium, o que implica que os resíduos de matadouro descarregados no rio podem ter um impacto significativo no ecossistema do rio.

Ikhu-Omoregbe *et al* (2005) estudaram a qualidade dos efluentes líquidos de duas fábricas de cerveja de sorgo opaco em Bulawayo, Zimbabué, analisando amostras instantâneas e compostas recolhidas manualmente nos pontos de descarga de efluentes das fábricas durante um período de seis meses. Os resultados da análise dos efluentes de ambas as fábricas revelaram valores elevados de carência química de oxigénio (COD) (superior a 30 000 mg/l em alguns casos), carência biológica de oxigénio (BOD) e sólidos suspensos (SS), indicando uma carga orgânica elevada. A análise dos valores de CBO indicou que os efluentes são biologicamente degradáveis. Não foram encontrados metais pesados significativos nos efluentes, uma vez que estes efluentes eram provenientes de unidades de transformação de alimentos. As estações de tratamento de efluentes em ambas as fábricas não só eram inadequadas, mas também mal operadas, tornando assim ineficaz a redução das cargas poluentes dos efluentes. Foram sugeridas boas práticas simples de gestão e funcionamento, bem como alterações ao projeto, para reduzir a carga poluente dos efluentes.

Mondal *et al* (2005) estudaram que a maior parte da Índia está a ser afetada pela poluição antropogénica das águas subterrâneas. Este tipo de poluição deve-se ao enriquecimento de vários parâmetros químicos, como o nitrato, a dureza, os oligoelementos metálicos e os organismos microbiológicos. A sobre-exploração das águas subterrâneas nalgumas partes do país induziu a degradação da qualidade da água. Os efluentes industriais não tratados descarregados à superfície causaram uma grave poluição das águas subterrâneas na cintura industrial do país. Este facto colocou um problema de abastecimento de água potável sem riscos nas zonas rurais do país. Mais de 50% das fábricas de curtumes do país situavam-se em Tamil Nadu. Havia cerca de 80 fábricas de curtumes a funcionar na cidade de Dindigul e arredores, na bacia superior do rio Kodaganar, em Tamil Nadu. Verificou-se que a qualidade das águas subterrâneas nesta área se deteriorou principalmente devido à utilização extensiva de produtos químicos (NaCl) nas indústrias de curtumes.

Deleebeeck *et al* **(2006)** estudaram os efeitos do Ca, do Mg e do pH na toxicidade do Ni para a truta arco-íris juvenil (Oncorhynchus mykiss) e foram examinados durante 17-26 dias de exposição ao Ni em 15 soluções de teste sintéticas. Verificou-se que o efeito do pH se sobrepunha a este efeito competitivo e que também se presumia ser independente das concentrações de Ca e Mg. O modelo foi capaz de prever o ensaio de toxicidade de 17 dias (expresso em Ni dissolvido) na maioria das águas sintéticas de ensaio com um desvio de dois factores em relação à toxicidade observada. O mesmo modelo, calibrado de modo a ter em conta as diferenças de sensibilidade entre espécies, fases do ciclo de vida e/ou durações de exposição, foi capaz de prever com exatidão o ensaio de toxicidade de 96 h para larvas e juvenis de vairão e juvenis de truta arco-íris, com base em dados retirados da literatura.

Howitt, *et al* **(2006)** desenvolveram o modelo de águas negras para prever a qualidade adversa da água associada à inundação das florestas de Barmah-Millewa no rio Murray. Verificou-se que as florestas de Barmah-Millewa eram dominadas por uma camada de goma vermelha do rio e que a folhada destas árvores contribuía com uma proporção substancial do impulso de matéria orgânica dissolvida libertada da planície de inundação durante as cheias. Este modelo examinou as taxas de acumulação e decomposição da folhada na planície de inundação (antes e durante a inundação), as taxas de lixiviação do carbono, a degradação microbiana, o consumo de oxigénio, os processos de regeneração e os efeitos do fluxo nas concentrações de carbono orgânico dissolvido e de oxigénio dissolvido na coluna de água (tanto na planície de inundação como no canal do rio a jusante).

Yuce *et al* **(2006)** investigaram o grau de influência das fontes de contaminação nas águas superficiais (rio Porsuk) e subterrâneas na planície de Eskisehir (Turquia) e determinaram as alterações na qualidade das águas subterrâneas após o arranque do sistema de esgotos em 1998. Para este efeito, foram recolhidas amostras de águas superficiais e subterrâneas em vários locais da planície de Eskisehir entre maio e outubro de 2001. O estudo revelou que alguns elementos vestigiais, Pb, Cr, Mn, Fe e Cd, estavam presentes em concentrações elevadas tanto nas águas superficiais como nas subterrâneas, para além de quantidades extremamente elevadas de fósforo, azoto e compostos de sulfureto. Além disso, as análises das amostras também indicaram que não havia contaminações consideráveis em termos de pesticidas locais. Foram encontradas concentrações elevadas de Cd, N e S nas águas subterrâneas. Com base numa análise pormenorizada das águas subterrâneas na planície de Eskisehir, concluiu-se que as águas subterrâneas não eram adequadas para consumo de acordo com as normas turcas, as normas da União Europeia (UE) e da Organização Mundial de Saúde (OMS).

Fontenot *et al* (2007) testaram um reator sequencial em batelada (SBR) para o tratamento de águas residuais de camarão, para melhorar a qualidade da água na aquicultura de camarão. As águas residuais do Centro de Cultura Waddell Mari, na Carolina do Sul, foram tratadas com sucesso usando um SBR. Estas águas residuais continham uma elevada concentração de carbono e azoto. Através do funcionamento sequencial do reator (modos aeróbio, anaeróbio e aeróbio), conseguiu-se a nitrificação e a desnitrificação com a remoção do carbono. Vários parâmetros ambientais, tais como a temperatura, a salinidade e o rácio de carbono e azoto (rácio C: N) foram optimizados para o melhor desempenho do SBR. Os resultados indicaram que a salinidade de 28-40 partes por mil (ppt), a gama de temperaturas de 22-37° C e uma relação C:N de 10:1 produziram os melhores resultados em termos de remoção máxima de azoto e carbono das águas residuais. O sistema SBR mostrou resultados promissores e pode ser usado como uma alternativa viável de tratamento na indústria do camarão.

Gunkel *et al* (2007) demonstraram o impacto da descarga de esgotos na capacidade de auto-purificação do rio. O regime de caudal da água foi caracterizado pela mudança anual da estação seca para a estação das chuvas, bem como por ciclos secos que ocorrem periodicamente. Os caudais médios variam entre 2 e 35m³ /s. Os impactos dominantes na qualidade da água do rio foram a entrada de esgotos domésticos na bacia superior e o cultivo e processamento de cana-de-açúcar na bacia inferior. As vias de contaminação foram identificadas através da avaliação das técnicas de cultivo e processamento de uma fábrica de bio-álcool com cultivo de cana-de-açúcar em anexo. Os principais problemas ecológicos do rio eram o aquecimento da água, a acidificação, o aumento da turvação, o desequilíbrio de oxigénio e o aumento dos níveis de bactérias coliformes. A lavagem e o escoamento relacionados com a precipitação provocam uma contaminação significativa no prazo de um a dois dias após a chuva. O aumento das bactérias coliformes foi uma consequência da contaminação secundária. Foi sugerido que, para determinar o impacto da indústria da cana-de-açúcar no rio, o programa brasileiro de bio-álcool deve ser submetido a uma avaliação crítica.

Hernandez *et al* (2007) avaliaram os fluxos e as concentrações de sólidos em suspensão (matéria orgânica e partículas totais, clorofila a) e nutrientes (fosfato, nitrato, nitrito e amoníaco) em viveiros comerciais semi-intensivos de camarão branco do Pacífico (Litopenaeus vannamei) para duas estratégias de alimentação utilizando tabuleiros de alimentação (FT) e um dispositivo mecânico de dispersão de alimentos (FD). Durante os 203 dias de ensaio, verificou-se que os tanques onde a alimentação foi fornecida por tabuleiros geraram uma carga significativamente menor de amoníaco (0,511 g de amónio/kg de camarão) e de sólidos orgânicos (918 g/kg de camarão), enquanto os tanques alimentados por FD geraram 1,71 g de amónio/kg de camarão e 1832 g de sólidos orgânicos particulados/kg de camarão. No entanto, os viveiros alimentados com FT libertaram maiores quantidades de sólidos suspensos totais (5275 g SST/kg de camarão) do que os viveiros alimentados com FD (4348 g SST/kg de camarão). Verificou-se também que a estratégia de alimentação e a quantidade de ração adicionada tiveram um efeito significativo no rendimento do camarão.

Sanchez *et al* (2007) estudaram a utilização do índice de qualidade da água (WQI) e o défice de oxigénio dissolvido como indicadores simples da poluição das bacias hidrográficas no município de Las Rozas (noroeste de Madrid, Espanha). A qualidade da água nos rios Guadarrama e Manzanares e nos lagos do Parque Paris, as principais massas de água desta área, foi investigada durante 2 anos (de setembro de 2001 a setembro de 2003). Verificou-se que o IQA era muito útil para a classificação das águas monitorizadas. O IQA foi de 70, o que corresponde a água de "boa" qualidade no ponto de amostragem 1 (entrada de Las Rozas) e diminuiu para cerca de 64 (qualidade média) no ponto de amostragem 6 (saída de Las Rozas) no caso do rio Guadarrama. O IQA foi de cerca de 65 nos afluentes do rio Manzanares. Finalmente, no Parque Paris, o IQA variou entre cerca de 72-55, o que corresponde a uma classificação de "boa" e "média" qualidade, respetivamente. Foi encontrada uma relação linear elevada entre o IQA e o défice de oxigénio dissolvido. Assim, a determinação rápida do IQA pode ser efectuada conhecendo os valores do défice de oxigénio dissolvido, que foram facilmente obtidos por medições no terreno. Verificou-se também uma influência das condições climáticas nos valores do IQA e do défice de oxigénio dissolvido.

Weber *et al* (2007) obtiveram os resultados de uma experiência em parcelas em que as alterações nas propriedades físicas, químicas e físico-químicas de um solo arenoso foram examinadas após a correção do solo com dois compostos diferentes produzidos a partir de resíduos sólidos urbanos. O triticale (X Triticosecale), cultivado numa monocultura de 3 anos, foi utilizado como planta de ensaio. Ambos os compostos diferiam nas suas concentrações de metais pesados. Os compostos foram aplicados de forma não recorrente na primavera, antes da sementeira, às taxas de 18, 36 e 72 toneladas de matéria seca por ha. As parcelas sem fertilização e as parcelas fertilizadas anualmente com azoto mineral (N), fósforo (P) e potássio (K) foram utilizadas como controlo. As amostras de solo foram recolhidas um mês após a aplicação do composto, bem como todos os anos após a colheita. Verificou-se que a aplicação de ambos os compostos melhorou as propriedades físicas do solo, associadas ao aumento do teor de carbono orgânico (CO). Aumentos estatisticamente significativos da porosidade total, da capacidade de água no campo e da quantidade de água disponível para as plantas foram encontrados apenas no curto período de tempo após a aplicação do composto. Apesar de o teor de carbono orgânico do solo ter diminuído com o tempo, a relação C: N aumentou claramente no terceiro ano após a aplicação do composto, o que foi explicado por um esgotamento da reserva de azoto. Ambos os compostos causaram um grande aumento de P, K e magnésio (Mg) disponíveis para as plantas, o que foi observado durante todo o período da experiência. Também foram observadas alterações benéficas na composição das substâncias húmicas do solo. O composto proveniente de zonas industriais, mesmo que aplicado em quantidades reduzidas, provocou um aumento significativo da concentração total de metais pesados no solo.

Zhang *et al* (2007) realizaram um estudo detalhado das águas superficiais em duas zonas periurbanas contrastantes na região do delta do rio Yangtze, na China, para determinar a distribuição de metais pesados, azoto (N) e fósforo (P). Uma zona baseada em fábricas foi comparada com uma zona baseada em vegetais durante a estação seca. Verificou-se que as concentrações de metais pesados nas águas superficiais da zona fabril eram mais elevadas do que as da zona hortícola, o que sugere uma contaminação modesta das águas superficiais com Zn, Cu, Cr e Pb, mas não com Cd, devido à descarga de efluentes da fábrica na zona fabril, mas não na zona hortícola. Embora os níveis de N total e P total nas águas superficiais fossem elevados em ambas as zonas, as águas superficiais da zona baseada em produtos hortícolas apresentavam níveis significativamente mais elevados de nitrato N (NO_3-N), N orgânico e TN do que as da zona baseada na fábrica. Em ambas as zonas, os níveis de P solúvel em água, P orgânico e P total eram elevados na água do rio que recebeu águas residuais municipais. A distribuição das espécies de N e P no sistema de águas superficiais indicou que o NO_3-N e o N orgânico provinham principalmente dos campos de vegetais, enquanto o N de amónio (NH_4-N), o P solúvel em água e o P orgânico provinham principalmente das águas residuais municipais. Foi recomendado o tratamento das águas residuais municipais antes da descarga para reduzir o N e o P através da purificação, juntamente com a investigação e a extensão para desenvolver uma utilização mais eficiente dos fertilizantes N e P pelos horticultores.

2.2 Efeito dos resíduos industriais

Feng *et al* (2005) estudaram o modelo ENVIRO-GRO para simular a forma como a quantidade de N aplicado, o momento da aplicação de N, as taxas de mineralização do azoto orgânico, a forma química do N aplicado e a uniformidade da rega afectavam (1) os rendimentos do milho (Zea mays) no verão e de uma gramínea forrageira no inverno num clima mediterrânico e (2) a quantidade de NO3 lixiviado abaixo da zona radicular. Esta prática de gestão era típica das centrais leiteiras do vale de San Joaquin, na Califórnia. As simulações foram efectuadas durante um período de 10 anos. As condições de estado estacionário, em que uma quantidade equivalente de N aplicado na forma orgânica seria mineralizada num determinado ano, foram alcançadas mais rapidamente para materiais com elevadas taxas de mineralização. Tanto o momento como a quantidade total de aplicação de N foram importantes para afetar o rendimento das culturas e a potencial lixiviação de N. As principais conclusões das simulações foram as seguintes. As aplicações baixas frequentes foram preferidas às aplicações mais altas menos frequentes. O aumento da quantidade de aplicação de N aumentou tanto o rendimento da cultura como a quantidade de NO3 lixiviado. O aumento da uniformidade da irrigação aumentou a produtividade das culturas, mas teve efeitos variáveis na quantidade de NO3 lixiviado. Uma cultura forrageira de inverno após uma cultura de milho de verão reduziu eficazmente a lixiviação do N residual do solo após a cultura do milho.

Huang *et al* (2006) apresentaram um estudo integrado das práticas agrícolas, da qualidade da água, dos sedimentos, dos solos e dos produtos agrícolas em sistemas de cultivo de hortícolas em pequena escala em duas zonas periurbanas contrastantes com diferentes níveis de desenvolvimento industrial na região do delta do rio Yangtze, na China. A aplicação de grandes quantidades de estrume de vaca aos produtos hortícolas em Nanjing, uma zona periurbana baseada em produtos hortícolas, causou uma acumulação de N, P, Cu, Zn e Cd disponível no solo. Este facto resultou num elevado teor de Cd em alguns produtos hortícolas e em concentrações elevadas de N e P nas águas superficiais. Devido a um historial mais curto de produção de produtos hortícolas em Wuxi, uma zona periurbana industrializada, a acumulação de N e P nos solos foi menor, mas o elevado Cd disponível devido ao baixo pH do solo associado à aplicação de grandes quantidades de fertilizantes inorgânicos resultou num elevado Cd em alguns produtos hortícolas. A poluição por metais pesados na zona de Wuxi provinha principalmente da deposição atmosférica e da descarga de efluentes de fábricas e era mais elevada do que na zona menos industrializada de Nanjing. O desenvolvimento e a divulgação de estratégias para uma utilização mais eficiente dos fertilizantes na horticultura poderiam beneficiar tanto a rentabilidade das explorações agrícolas como o ambiente e deveriam ser associados ao tratamento dos resíduos municipais antes da descarga e ao controlo das emissões das fábricas.

Navaz *et al* (2006) determinaram o efeito de diferentes efluentes na germinação de sementes e no crescimento inicial das plantas. Foram recolhidas amostras de água de três indústrias diferentes de Rawalpindi, nomeadamente a fábrica de têxteis Koh-e-Noor (KNM), a indústria de mármore (MI) e a Attock Refinery Limited (ARL). Foram seleccionadas duas variedades diferentes de Cicer Orientum (P-91 e P-2000) para crescer com estes efluentes. Foram analisados os parâmetros físico-químicos destas amostras. Ambas as variedades foram cultivadas em diferentes diluições de efluentes. Verificou-se que, com o aumento da concentração do efluente, o crescimento das plantas foi mais afetado no caso do efluente do moinho Koh-e-Noor, enquanto que o efeito foi menor no caso dos efluentes Marble e ARL. Foi observado um aumento no comprimento das raízes e dos rebentos nestes efluentes a diferentes concentrações. O peso fresco da planta foi menor no caso do efluente do moinho Koh-e-Noor em comparação com o controlo, enquanto nos outros dois efluentes se observou um aumento e uma diminuição do peso seco da planta. Os pesos secos das plantas foram maiores na maioria dos tratamentos. A variedade P-91 foi considerada mais tolerante em comparação com a P-2000.

Muller *et al* (2007) estudaram o impacto da irrigação com efluentes na transformação e mobilidade de contaminantes orgânicos. Os objectivos do estudo foram: (i) discutir os processos fundamentais que influenciam a transformação e o transporte de pesticidas no solo; (ii) apresentar uma análise crítica do impacto da irrigação com efluentes na transformação e no transporte de pesticidas no solo; (iii) sugerir áreas de investigação que necessitam de atenção. Com base no estudo, sugeriu-se que são urgentemente necessárias investigações no terreno sobre o impacto da irrigação com efluentes no destino dos pesticidas, juntamente com uma caraterização exacta dos efluentes, para avaliar o risco a longo prazo associado à irrigação com efluentes em relação à transformação e transporte de pesticidas.

2.3 Qualidade da água

O facto de uma água de uma determinada qualidade ser adequada para um determinado fim depende dos critérios ou padrões de qualidade aceitáveis para essa utilização. A adequação da água para irrigação depende do efeito dos constituintes minerais da água tanto na planta como no solo (Richards, 1954 e Wilkox, 1955).

Os principais constituintes da água de irrigação são o sódio, o cálcio e o magnésio como catiões; e o cloreto, o sulfato e os bicarbonatos como aniões. No entanto, os iões potássio, nitrato e carbonatos estão também presentes em quantidades apreciáveis em alguns casos. Para além destes, alguns dos iões encontram-se em quantidades menores. Estes não afectam normalmente a salinidade da água de rega devido às suas quantidades muito reduzidas. A qualidade da água de rega é geralmente avaliada pela sua concentração total de sal, proporção relativa de iões cat ou rácio de absorção de sódio, conteúdo de bicarbonatos, etc.

2.3.1 Salinidade

Existe um problema de salinidade se o sal se acumular na zona radicular da cultura até uma concentração que cause uma perda de rendimento. Nas zonas de regadio, estes sais têm frequentemente origem num lençol freático salino e elevado ou em sais presentes na água aplicada. As reduções de rendimento ocorrem quando os sais se acumulam na zona radicular de tal forma que a cultura já não é capaz de extrair água suficiente da solução salina do solo, resultando num stress hídrico durante um período de tempo significativo. Se a absorção de água for consideravelmente reduzida, a planta abranda o seu ritmo de crescimento. Os sintomas da planta são semelhantes em aparência aos da seca, como a murchidão, ou uma cor verde-azulada mais escura e, por vezes, folhas mais espessas e cerosas. Os sintomas variam com a fase de crescimento, sendo mais perceptíveis se os sais afectarem a planta durante as primeiras fases de crescimento. Em alguns casos, os efeitos ligeiros dos sais podem passar completamente despercebidos devido a uma redução uniforme do crescimento em todo o campo.

Richards (1954) publicou a tolerância relativa das culturas às concentrações de sais na água do solo para as principais divisões de culturas. Os critérios aplicados foram o rendimento relativo da cultura num solo salino em comparação com o seu rendimento num solo não salino em condições de crescimento semelhantes. Dentro de cada grupo, as culturas foram listadas por ordem crescente de tolerância ao sal; o valor da condutância eléctrica no topo e no fundo de cada coluna representava a gama de níveis de salinidade em que se poderia esperar uma diminuição de 50% no rendimento. Em vez de limites rígidos de salinidade para irrigação, a qualidade da água é normalmente expressa por classes de aptidão relativa. A maioria dos sistemas de classificação inclui limites de condutância específica (expressando o total de sólidos dissolvidos), teor de sódio e concentração de boro.

Miyamoto S. *et al* **(1986)** efectuaram um estudo para avaliar se o crescimento atrofiado das árvores registado em solos argilosos estava relacionado com a salinidade e para avaliar as alterações na salinidade do solo. As árvores ocidentais foram irrigadas com água de 1,1 dS/m e 4,3 dS/m durante 4 anos. O primeiro estudo, realizado num pomar comercial (49 ha) no vale de El Paso (TX). Verificou-se que o estudo mostrou uma correlação altamente significativa entre o tamanho do tronco da árvore e a salinidade do extrato de saturação (ECe) com *r=-0,89*. A salinidade do solo acima da qual o tamanho do tronco diminuiu para além do erro padrão foi de 2,0 dS/m no ECe de 0-30 cm de profundidade, e de 3,0 dS/m de 0 a 60 cm de profundidade com concentrações correspondentes de Na de 14 e 21 mmol/l.

A acumulação excessiva de sais e Na só foi registada em solos silto-argilosos e silto-argilosos. O segundo estudo, realizado num pequeno campo experimental (1 ha), indicou que a irrigação com águas de 1,1 e 4,3 dS/m aumentou a CEe do perfil dos 60 cm superiores de 1,5 para 2,2 e 4,2 dS/m e a concentração de Na no extrato de saturação para 17 e 33 mmol/l, respetivamente. A salinidade do solo proporcionou uma medida mais fiável para avaliar o risco de salinidade do que a análise foliar. No entanto, verificou-se que a salinidade do solo é altamente variável em termos espaciais, seguindo uma distribuição normal dentro de um tipo de solo. Esta elevada variabilidade tem de ser reconhecida na amostragem do solo, bem como na gestão da irrigação.

Sharma *et al* **(1994)** efectuaram uma experiência de campo de 1989 a 1992 utilizando água de drenagem salina (CE=10,5-15,0 dS/m) juntamente com água doce do canal (CE=0,4 dS/m) para irrigação durante a estação seca de inverno. O objetivo era verificar se a produção de culturas continuaria a ser viável e se a salinidade do solo não aumentaria de forma inaceitável com esta prática. As culturas experimentais foram o trigo, como cultura de inverno, o milho-miúdo e o sorgo, como culturas da estação das chuvas, cultivadas num solo franco-arenoso. Todas as culturas receberam uma irrigação pré-plantação com água doce do canal. Posteriormente, a cultura do trigo foi irrigada quatro vezes com diferentes sequências de água de drenagem salina e água do canal. As culturas da estação das chuvas não receberam mais irrigação, uma vez que foram alimentadas pela chuva. Tomando o rendimento do trigo obtido com água fresca do canal como valor potencial (100%), o rendimento relativo médio do trigo irrigado apenas com água de drenagem salina foi de 74%. Verificou-se que a substituição da água do canal na primeira irrigação pós-plantação e a aplicação subsequente apenas de água de drenagem salina aumentou o rendimento para 84%. As irrigações cíclicas com água do canal e de drenagem em diferentes tratamentos resultaram em rendimentos de 88% a 94% do potencial. As produções de malmequeres e sorgo diminuíram significativamente quando foram aplicadas 3 ou 4 irrigações pós-plantação com água de drenagem salina à cultura de trigo anterior, mas as irrigações cíclicas não causaram redução da produção. A elevada salinidade e a sodicidade da água de drenagem aumentaram a salinidade e a sodicidade do solo no perfil do solo durante o inverno, mas estes riscos foram eliminados pelo sistema de drenagem sub-superficial durante os períodos de monção que se seguiram. Os resultados obtidos fornecem uma opção promissora para a utilização de água de drenagem de má qualidade em conjunto com água doce do canal sem redução indevida do rendimento e degradação do solo.

Datta *et al* (1998) estimaram um conjunto de funções de produção que relacionam o rendimento do trigo com a salinidade inicial do solo e a quantidade e qualidade da água. As funções de produção cultura-água foram calculadas a partir de dados experimentais da cultura do trigo na aldeia de Sampla, no distrito de Rohtak, em Haryana (Índia). Verificou-se que as variáveis seleccionadas na forma quadrática eram capazes de explicar melhor as variações de rendimento e a salinidade do solo do que as formas linear e Cobb Douglas. A variação dos rendimentos foi substancialmente explicada pelas relações solo-água quando os outros factores de produção se mantiveram constantes. Mais especificamente, 90 a 95% da variação do rendimento foi explicada pela variação na qualidade e quantidade da água de irrigação e pela salinidade inicial do solo. Sugeriu-se que o rendimento não estava simplesmente relacionado com a salinidade média inicial do solo, mas também com a salinidade e o volume de água de irrigação aplicada.

Lambert e Karim (2002) estudaram o risco de salinidade e discutiram estratégias relacionadas. O desenvolvimento da irrigação na zona árida tem quase sempre de lidar não só com a salinidade secundária, mas também com a salinidade primária e fóssil. Em muitos casos, o desenvolvimento da irrigação provoca alterações em grande escala no regime geo-hidrológico local, que frequentemente resultam na mobilização de sais armazenados nos substratos subjacentes. Esta mobilização de sais primários e fósseis tem sido considerada uma das principais causas da salinização dos rios em bacias irrigadas na zona árida.

Muhammad e Muhammad (2006) compararam os métodos de aplicação de irrigação das práticas dos agricultores (Campo 1) com as técnicas de poupança de água (Campo 2) para o rendimento das culturas e salinização durante dois anos com o padrão de cultivo milho-trigo-dhanicha. Para as experiências com trigo, o método de irrigação por bacia de aplicação de água foi comparado com o método de leito e sulco. Para a dhanicha, a irrigação por bacia foi aplicada em ambos os campos. Verificou-se que se poupou cerca de 36% de água ao aplicar água de rega em sulcos alternados em cada estação, sem comprometer o rendimento da cultura do milho. A acumulação de sal na zona radicular no campo de sulcos alternados foi menor do que no campo de sulcos regulares. O nível de salinidade perto da superfície aumentou substancialmente em ambos os campos. A poupança de água na cultura do trigo sob leito e sulco foi de 9-12% em ambas as estações. O processo de salinização em ambos os campos durante a cultura do trigo foi quase o mesmo, exceto a redistribuição de sais pela zona radicular no campo de trigo de bacia. A salinidade desenvolvida na zona radicular durante as duas principais estações de crescimento foi lixiviada na monção.

2.3.2 Percentagem de sódio

A concentração de sódio é importante na classificação da água de irrigação porque o sódio reage com o solo reduzindo a sua permeabilidade. Os solos que contêm uma grande proporção de sódio com carbonatos como anião predominante são designados por solos salinos. Normalmente, qualquer tipo de solo saturado de sódio suporta pouco ou nenhum crescimento de plantas. O teor de sódio é normalmente expresso em termos de percentagem de sódio, definida por

$$\%Na = \frac{(Na^+)}{\left[Ca^{++} + Mg^{++} + Na^+ + K^+\right]} \times 100 \qquad \ldots (2.1)$$

2.3.3 Rácio de absorção de sódio

Richards (1954) definiu a razão de absorção de sódio (SAR) devido à sua relação direta com a adsorção de sódio pelo solo. Foi definida como,

Onde, todas as concentrações iónicas dos constituintes foram expressas em miliequivalentes por litro.

$$SAR = \frac{Na^+}{\sqrt{(Ca^{++} + Mg^{++})/2}} \qquad \ldots (2.2)$$

Qualquer aumento na SAR da água de irrigação aumenta a SAR do solo. Ao avaliar a adequação da água de irrigação, tanto a salinidade como a SAR devem ser tidas em conta, juntamente com a evolução da salinidade e da sodicidade durante o período de cultivo. A salinidade aumenta as tensões osmóticas, enquanto a absorção de sódio é aumentada pela salinidade e pela SAR.

Stambuk e Giljanovic (2006) desenvolveram uma base de dados relacional para a realização de análises químicas expressas pelo rácio Ca : Mg. A base de dados poderia servir de plataforma metodológica para o estudo de factores ambientais que influenciam a saúde humana. O protótipo da base de dados consistia em dados obtidos através de investigações efectuadas pelo Departamento de Análise da Água do Instituto de Saúde Pública do Condado de Split Dalmatian (Croácia) da Faculdade de Medicina da Universidade de Split. A base de dados continha mais de 2500 dados.

2.4 Análise estatística

Liu et al (2003) A análise fatorial foi aplicada a 28 amostras de águas subterrâneas recolhidas de poços na zona costeira da doença de Blackfoot em Yun-Lin, Taiwan. Foram examinadas estatisticamente as correlações entre 13 parâmetros hidroquímicos. Foi aplicado um modelo de dois factores. Verificou-se que o Fator 1 (salinização da água do mar) inclui concentrações de CE, TDS, Cl, so_4, Na, K e Mg, e o Fator 2 (poluente arsénico) inclui concentrações de alcalinidade, TOC e arsénico. Foram desenhados mapas para mostrar a distribuição geográfica dos factores. Estes mapas delimitam as concentrações elevadas de salinidade e de arsénio. A distribuição geográfica das pontuações dos factores em poços individuais não revelou as fontes dos constituintes, que foram deduzidas a partir de evidências geológicas e hidrológicas. As áreas de elevada salinização da água do mar e de poluição por arsénio correspondiam bem à área de sobre-bombeamento de águas subterrâneas. O bombeamento excessivo das águas subterrâneas locais causou a subsidência da terra e a salinização gradual pela água do mar. A bombagem excessiva também introduziu oxigénio dissolvido em excesso que oxidou os minerais imóveis, libertou arsénio por dissolução redutora de oxi-hidróxidos de ferro ricos em arsénio e aumentou a concentração de arsénio na água. A extração excessiva de águas subterrâneas foi considerada a principal causa da salinização das águas subterrâneas e da poluição por arsénio na zona costeira de Yun-Lin, Taiwan.

Aiuppa *et al* (2003) estudaram o esgotamento progressivo dos recursos hídricos e a qualidade das águas subterrâneas na zona. A análise estatística multivariada revelou três fontes de solutos: (a) a lixiviação do basalto hospedeiro, impulsionada pela dissolução do CO_2 derivado do magma; (b) processos de mistura com salmouras salinas que emergem do subsolo sedimentar abaixo; (c) contaminação por águas residuais agrícolas e urbanas. O último processo, evidenciado pelo aumento das concentrações de SO_4, NO_3, Ca, F e PO_4, foi mais pronunciado nas encostas inferiores do edifício vulcânico, associado a zonas de elevada densidade populacional e de agricultura intensiva. Verificou-se que os processos naturais (a) e (b) foram também muito eficazes na produção de águas altamente mineralizadas, que ao excederem as concentrações máximas admissíveis de viragem resultaram em muitos constituintes (B, V, Mg) para água potável.

Passy e Bode (2003) estudaram um novo índice, o modelo de afinidade de diatomáceas (DMA), que foi criado como uma métrica comunitária de referência, derivada da composição genérica e de espécies. O DMA fornece uma avaliação da qualidade da água através do cálculo da percentagem de semelhança com uma comunidade modelo, que pode ser vista como um padrão de referência. Uma semelhança elevada com o modelo indica comunidades que foram minimamente perturbadas, enquanto uma semelhança inferior sugere problemas de qualidade da água. O índice era semelhante ao desenvolvido para as comunidades de macro invertebrados por Novak & Bode (1992, Journal of the North American Benthological Society 11: 80-85). Verificou-se que o índice se correlaciona bem com factores ambientais que operam em escalas hierárquicas. Em comparação com outros índices de diatomáceas normalmente utilizados, as avaliações de comunidades baseadas no DMA demonstraram uma elevada correspondência com padrões derivados de estatísticas multivariadas.

Simeonov *et al* (2003) apresentaram a aplicação de diferentes abordagens estatísticas multivariadas para a interpretação de uma matriz de dados grande e complexa obtida durante um programa de monitorização das águas de superfície no Norte da Grécia. O conjunto de dados consistia em resultados analíticos de um inquérito de 3 anos, efectuado nos principais sistemas fluviais (Aliakmon, Axios, Gallikos, Loudias e Strymon), bem como em ribeiros, afluentes e valas. Vinte e sete parâmetros foram monitorizados mensalmente em 25 locais-chave de amostragem (total de 22 350 observações). O conjunto de dados foi tratado utilizando a análise de agrupamento (CA), a análise de componentes principais e a análise de regressão múltipla em componentes principais. A análise de agrupamento mostrou quatro grupos diferentes de semelhança entre os locais de amostragem, reflectindo as diferentes características físico-químicas e níveis de poluição dos sistemas de água estudados. Seis factores latentes foram identificados como responsáveis pela estrutura dos dados, explicando 90% da variância total do conjunto de dados e foram condicionalmente designados como factores orgânicos, nutrientes, físico-químicos, meteorológicos, lixiviação do solo e tóxicos-antropogénicos. Foi também aplicado um modelo recetor multivariado para a repartição das fontes, estimando a contribuição das fontes identificadas para a concentração dos parâmetros físico-químicos. Este estudo mostrou a necessidade e a utilidade da avaliação estatística multivariada de bases de dados grandes e complexas, a fim de obter melhores informações sobre a qualidade das águas de superfície, a conceção de protocolos de amostragem e análise e o controlo/gestão eficaz da poluição das águas de superfície.

Mendiguchia *et al* **(2004)** estudaram os efeitos causados pelas actividades humanas na qualidade da água. A área em estudo incluiu vários pontos sensíveis como a cidade de Sevilha, o rio Guadiamar e o Parque Nacional de Doñana. Foram analisados os parâmetros físico-químicos das 26 estações de amostragem localizadas ao longo do rio, e em três campanhas diferentes de 2001 a 2002. Com os resultados obtidos foi elaborada uma matriz de dados que foi analisada por análise fatorial/análise de componentes principais (FA/PCA) e análise de clusters (CA). Esta análise permitiu a identificação de quatro zonas distintas no rio, com diferentes qualidades de água. A primeira zona (zona 1A) compreendia desde Alcalá del Rio até Sevilha. A segunda zona (zona 1B) era a cidade de Sevilha e apresentava concentrações mais elevadas de nitritos, amónio e manganês. A terceira zona (zona 2) estendia-se de Sevilha até ao rio Guadiamar. Nesta área, a agricultura era a principal atividade; por conseguinte, foram medidas concentrações mais elevadas de sólidos suspensos e fosfato. Verificou-se que, em termos de qualidade da água, a terceira zona era parcialmente semelhante à zona 1A e parcialmente semelhante à quarta zona, começando no rio Guadiamar e terminando na foz do rio Guadalquivir. As águas desta última zona (zona 3) eram principalmente águas estuarinas. Assim, a sua qualidade foi influenciada pela entrada de água do mar e também pelas entradas do rio Guadiamar (proveniente de uma zona mineira). A maior concentração de cobre foi encontrada nesta última zona. Foram extraídos três componentes principais, explicando 79,1% da variância dos dados. O PC1 (46,9% da variância) foi associado principalmente ao nitrito, amónio e manganês. A PC2 (22,5% de variância) estava principalmente associada aos sólidos suspensos e aos fosfatos. A PC3 (9,7% de variância) foi principalmente correlacionada com a concentração de nitrato e cobre.

Ouyang (2005) aplicou técnicas de análise de componentes principais (PCA) e de análise de factores principais (PFA) para avaliar a eficácia da rede de monitorização da qualidade das águas superficiais de um rio. O objetivo era identificar as estações de monitorização que eram importantes para avaliar as variações anuais da qualidade da água do rio. Vinte e duas estações utilizadas para a monitorização de parâmetros físicos, químicos e biológicos, localizadas no curso principal do baixo rio St. Johns na Florida, EUA, foram seleccionadas para efeitos deste estudo. Três estações de monitorização foram identificadas como menos importantes para explicar a variância anual do conjunto de dados, pelo que puderam ser tratadas como estações não principais. Além disso, a técnica PFA foi também utilizada para identificar parâmetros importantes da qualidade da água. Os resultados revelaram que o carbono orgânico total, o carbono orgânico dissolvido, o azoto total, o nitrato e o nitrito dissolvidos, o ortofosfato, a alcalinidade, a salinidade, o Mg e o Ca foram os parâmetros mais importantes na avaliação das variações da qualidade da água no rio. O estudo sugere que as técnicas PCA e PFA são ferramentas úteis para a identificação de estações e parâmetros importantes de monitorização da qualidade das águas superficiais.

Singh *et al* (2005) aplicaram técnicas estatísticas multivariadas, como a análise de clusters, a análise de factores, a análise de componentes principais e a análise discriminante ao conjunto de dados sobre a qualidade da água do rio Gomti (Índia), gerados durante três anos (19992001) de monitorização em oito locais diferentes para 34 parâmetros (9792 observações). A análise discriminante deu os melhores resultados para a redução de dados e o reconhecimento de padrões durante a análise temporal e espacial. A análise discriminante permitiu reduzir a dimensionalidade do grande conjunto de dados, delineando alguns parâmetros indicadores responsáveis por grandes variações na qualidade da água. Além disso, verificou-se que a modelação dos receptores através da regressão multilinear das pontuações absolutas dos componentes principais (APCS-MLR) permitiu a repartição de várias fontes/factores nas respectivas regiões que contribuem para a poluição do rio. Revelou que a meteorização do solo, a lixiviação e o escoamento superficial; as águas residuais municipais e industriais; a lixiviação dos locais de eliminação de resíduos estavam entre as principais fontes/factores responsáveis pela deterioração da qualidade do rio.

Nhan *et al* (2006) efectuaram um estudo participativo nas explorações agrícolas para explorar os efeitos dos padrões de entrada de alimentos na qualidade da água e na acumulação de nutrientes nos sedimentos dos tanques, e para identificar diferentes tipos de sistemas integrados de tanques. Dez explorações de agricultura-aquicultura integradas (IAA), nas quais os tanques associados a pomares de fruta, gado e campos de arroz foram monitorizados no delta do Mekong, no Vietname. Foram determinados os balanços de massa do azoto (N), do carbono orgânico (CO) e do fósforo (P) nos tanques, e a qualidade da água e a acumulação de nutrientes nos sedimentos foram monitorizadas. Os dados foram analisados através de análise de correlação canónica multivariada, análise de agrupamentos e análise discriminante. A principal variabilidade na qualidade da água da lagoa e nos nutrientes do sedimento estava relacionada com a entrada de alimentos e as taxas de troca de água. Na área dominada pelo arroz com lagos profundos, foram encontrados mais resíduos de gado e humanos, juntamente com altas taxas de troca de água. Nestas lagoas, grandes cargas de matéria orgânica reduziram o oxigénio dissolvido e aumentaram as concentrações de fósforo total na água e aumentaram os nutrientes (N, OC e

P) nos sedimentos. Na zona dominada pelo arroz, com lagos largos, foram adicionadas quantidades mais elevadas de alimentos caseiros aos lagos com baixa taxa de troca de água. Isto resultou numa elevada biomassa de fitoplâncton e numa elevada produtividade primária. O contrário ocorreu na área dominada pela fruta, onde os peixes foram criados em tanques rasos e estreitos, recebendo mais resíduos vegetais, o que resultou em menor biomassa de fitoplâncton e menor acumulação de nutrientes nos sedimentos.

Panda *et al* (2006) aplicaram a análise de factores em modo R e a análise de agrupamentos a três conjuntos diferentes de dados, isto é, estações totais, frescas e salinas influenciadas nos sistemas do rio Mahanadi. Os resultados da análise de factores em modo R revelaram que a contribuição antropogénica de nutrientes foi responsável pela redução do DO e do nível de pH da água, embora a sua intensidade tenha sido diferente nos sistemas doce e salino em diferentes estações. A diferente magnitude da carga de carência bioquímica de oxigénio (CBO) em relação ao azoto total e ao fósforo demonstrou a intensidade da poluição orgânica em diferentes sistemas hídricos. A remoção de silicato no sistema salino foi claramente visível através da análise de factores e o modo diferente de associação do total de sólidos em suspensão reflectiu-se sazonalmente. As relações entre as estações foram realçadas pela análise de agrupamento representada em dendrogramas para categorizar diferentes níveis de contaminação. Tendo em conta a diversidade dos mecanismos utilizados nos sistemas hídricos estuarinos e fluviais, considerou-se que, estatisticamente, os seus dados deveriam ser tratados separadamente com base na influência da salinidade. Os resultados confirmaram que a importância relativa das características da qualidade da água varia consoante o sistema específico.

Shrestha e Kazama (2006) aplicaram técnicas estatísticas multivariadas, como a análise de clusters, a análise de componentes principais, a análise de factores e a análise discriminante para a avaliação das variações temporais/espaciais e a interpretação de um grande conjunto de dados complexos sobre a qualidade da água da bacia do rio Fuji, gerados durante 8 anos (1995 a 2002) para a monitorização de 12 parâmetros em 13 locais diferentes (14 976 observações). A análise hierárquica de grupos agrupou 13 locais de amostragem em três grupos, ou seja, locais relativamente menos poluídos (LP), medianamente poluídos (MP) e altamente poluídos (HP), com base na semelhança das características da qualidade da água. A análise fatorial/análise de componentes principais, aplicada aos conjuntos de dados dos três grupos diferentes obtidos a partir da análise de clusters, resultou em cinco, cinco e três factores latentes que explicam 73,18, 77,61 e 65,39% da variância total dos conjuntos de dados sobre a qualidade da água das zonas LP, MP e HP, respetivamente. Os varifactores obtidos a partir da análise fatorial indicaram que os parâmetros responsáveis pelas variações da qualidade da água estavam principalmente relacionados com a temperatura de descarga e a poluição orgânica em áreas relativamente menos poluídas; poluição orgânica e nutrientes em áreas medianamente poluídas; e poluição orgânica e nutrientes em áreas altamente poluídas da bacia. A análise discriminante deu os melhores resultados tanto para a análise espacial como para a análise temporal. A análise discriminante permitiu uma redução da dimensionalidade do grande conjunto de dados, delineando alguns parâmetros indicadores responsáveis por grandes variações na qualidade da água.

Shukla *et al* (2006) utilizaram indicadores de qualidade do solo (IQS) para avaliar a sustentabilidade das práticas de utilização e gestão do solo em agro-ecossistemas. O objetivo deste estudo foi identificar indicadores de qualidade do solo (IQS) adequados a partir da análise de factores de cinco tratamentos: milho em plantio direto sem estrume, milho em plantio direto com estrume, rotação milho-soja em plantio direto, milho em plantio convencional e prado em Coshocton, Ohio. As propriedades do solo foram agrupadas em cinco factores (valores próprios > 1) para a profundidade de 0-10 cm como: (Fator 1) transmissão de água, (Fator 2) arejamento do solo, (Fator 3) ligação dos poros do solo 1, (Fator 4) textura do solo e (Fator 5) estado de humidade. O fator 2 foi considerado o mais dominante, uma vez que o carbono orgânico do solo foi o atributo do solo que mais contribuiu para este fator. Para a profundidade de 10-20 cm, os factores identificados foram: (Fator 6) agregação do solo, (Fator 7) ligação dos poros do solo 2, (Fator 8) macroporos do solo, e (Fator 9) produção vegetal. A 10-20 cm de profundidade, o Fator 6 foi o mais dominante, sendo o carbono orgânico do solo o atributo do solo mais dominante. Verificou-se que as interacções entre a amostra de gestão e a amostra de posição do declive eram significativas para ambas as profundidades. Em geral, o carbono orgânico do solo foi o atributo do solo mais dominante como SQI para ambas as profundidades. Outros atributos-chave do solo foram a capacidade de água no campo, a porosidade preenchida por ar, o pH e a densidade aparente do solo para a profundidade de 0-10 cm, e o N total e o diâmetro médio ponderal dos agregados para a profundidade de 10-20 cm. Concluiu-se que o carbono orgânico do solo pode desempenhar um papel importante na monitorização da qualidade do solo.

Skoulikidis *et al* (2006) investigaram vinte e nove rios permanentes de pequena e média dimensão (trinta e seis sítios) espalhados por toda a Grécia e igualmente distribuídos por três zonas geoquímico-climáticas. Foram utilizadas técnicas estatísticas multivariadas para identificar os factores e processos que afectam a variabilidade hidroquímica e as forças motrizes que controlam a composição aquática. Verificou-se que a variação espacial da qualidade aquática era principalmente regida por factores geológicos e hidrogeológicos. Devido à variabilidade geológica e climática, as três zonas apresentavam características hidroquímicas diferentes. As variações hidrológicas temporais em combinação com os factores hidrogeológicos controlam as tendências hidroquímicas sazonais. Os processos respiratórios devidos às águas residuais municipais dominam no verão e aumentam as concentrações de cloreto e sódio, enquanto o nitrato provém principalmente da agricultura. Os processos fotossintéticos dominam na primavera. A química dos carbonatos foi controlada por factores hidrogeológicos e pela atividade biológica. Um possível enriquecimento das águas superficiais com nutrientes em bacias florestais pristinas foi atribuído a processos de lixiviação e mineralização do solo. Foram desenvolvidas duas ferramentas de gestão: um sistema de classificação de nutrientes e uma ferramenta de previsão rápida da composição aquática.

Stigter *et al* **(2006)** desenvolveram uma metodologia simples baseada na análise multivariada para criar um índice de qualidade das águas subterrâneas (GWQI) e um índice de composição (GWCI), com o objetivo de monitorizar a influência da agricultura em vários parâmetros-chave da química e potabilidade das águas subterrâneas. A metodologia baseou-se na definição de duas amostras padrão de água de alta e baixa qualidade que, juntamente com os dados reais, foram submetidas a um algoritmo estatístico conhecido como análise de factores de correspondência. A aplicabilidade dos índices construídos como ferramenta de avaliação e comunicação foi avaliada em dois casos de estudo no sul de Portugal. Foram criados mapas de índices para fornecer uma imagem abrangente do problema da contaminação e uma interpretação fácil para pessoas fora do domínio científico. Nos estudos de caso, os mapas GWQI revelaram que a qualidade das águas subterrâneas nos aquíferos superiores era extremamente baixa, com uma ausência quase total de água potável. O impacto da atividade agrícola na composição das águas subterrâneas mostrou uma grande variabilidade espacial, que foi representada com precisão pelos mapas GWCI - a variabilidade espacial estava principalmente relacionada com o tipo de cultura e a litologia do aquífero.

Os estudos acima referidos mostram que vários trabalhadores realizaram muito trabalho sobre diferentes aspectos relacionados com a poluição devida a efluentes industriais e o seu impacto no crescimento das plantas. Esses estudos eram específicos de uma área ou de uma indústria específica dessa área. Não existe nenhum trabalho disponível sobre o estudo da poluição dos recursos hídricos devido à fábrica de fertilizantes no Noroeste do Uttar Pradesh e o efeito desses efluentes da fábrica de fertilizantes no crescimento das plantas e no rendimento das culturas. Tendo em conta este facto, o presente estudo foi realizado para avaliar o impacto dos efluentes da IFFCO, Aonla, nos recursos hídricos das proximidades e no crescimento e rendimento da cultura do trigo.

CAPÍTULO III

MATERIAL E MÉTODOS

O estudo da poluição da água inclui a estimativa de parâmetros físicos e químicos para os quais é necessário um laboratório de grandes dimensões e bem equipado. O número de parâmetros a determinar depende do objetivo a atingir.

Por conseguinte, são considerados alguns parâmetros para a sua avaliação. São eles:

pH

Condutividade

Oxigénio dissolvido

Carência biológica de oxigénio

Turbidez

pH :

O efeito do pH nas propriedades químicas e biológicas dos líquidos torna a sua determinação muito importante. É um dos parâmetros mais importantes na química da água e é definido como ong [H^+] e medido como intensidade de acidez ou alcalinidade numa escala que varia de 0-14. Se o H livre$^+$ for maior, a água é considerada ácida (i.e. pH<7), enquanto que um maior número de iões OH- é considerado alcalino (i.e. pH>7).

Nas águas naturais, o pH é regulado pelo equilíbrio entre os iões dióxido de carbono/bicarbonato/carbonato e varia entre 4,5 e 8,5, embora seja maioritariamente básico. Tende a aumentar durante o dia, em grande parte devido à atividade fotossintética (consumo de dióxido de carbono) e diminui durante a noite devido à atividade respiratória. As águas residuais e as águas naturais poluídas têm valores de pH inferiores ou superiores a 7, consoante a natureza do poluente.

O pH não tem efeitos adversos directos sobre a saúde, no entanto, um valor inferior a 4,0 produzirá um sabor azedo e um valor superior a 8,5 um sabor alcalino. Valores mais elevados de pH aceleram a formação de incrustações nos aparelhos de aquecimento de água e também reduzem o potencial germicida do cloro. O pH é geralmente medido numa escala logarítmica e é igual ao $\log_{10}$ negativo da concentração de iões de hidrogénio.

$$pH = - \log_{10}[H]^+$$

$$= \log_{10} 1/[H]^+$$

Como o produto iónico da água é 1×10^{-14} a 25^0 C, uma solução neutra terá 1×10^{-7} iões de H^+ e OH^+ cada.

TEMPERATURA

A radiação solar incidente e a temperatura atmosférica provocam mudanças espaciais e temporais na temperatura, criando correntes de convecção e estratificação térmica. A temperatura desempenha um papel muito importante no dinamismo das zonas húmidas, afectando vários parâmetros como a alcalinidade, a salinidade, o oxigénio dissolvido, a condutividade eléctrica, etc. Num sistema aquático, estes parâmetros afectam a reação química e biológica, como a solubilidade do oxigénio, o equilíbrio carbono-di-óxido-carbonato-bicarbonato, o aumento da taxa metabólica e a reação fisiológica do organismo, etc. A temperatura da água é importante em relação à vida aquática. A temperatura da água potável tem influência no seu sabor.

A temperatura é basicamente um fator importante pelo seu efeito nas reacções químicas e biológicas na água. Alguns dos papéis importantes da temperatura nos sistemas aquáticos são

1.   O aumento da temperatura da água acelera as reacções químicas, reduz a solubilidade dos gases, amplifica o sabor e o odor e eleva as actividades metabólicas dos organismos.

2.   A água na gama de temperaturas de 7^0 C a 11^0 C tem um sabor agradável e é refrescante.

3.   A uma temperatura mais elevada e com menos gases dissolvidos, a água torna-se insípida e até não mata a sede.

4.   A temperaturas elevadas, a acidez metabólica dos organismos aumenta, exigindo mais oxigénio. Aumenta, exigindo mais oxigénio, mas ao mesmo tempo a solubilidade do oxigénio diminui, acentuando assim o stress.

CONDUTIVIDADE ELÉCTRICA

A condutividade (condutância específica) é a expressão numérica da capacidade da água para conduzir uma corrente eléctrica. É medida em micro Siemens por cm e depende da concentração total, da mobilidade, da valência e da temperatura da solução de iões. Os electrólitos numa solução dissociam-se em iões positivos (iões gato) e negativos (aniões) e conferem condutividade. A maior parte das substâncias inorgânicas dissolvidas na água encontram-se na forma ionizada e contribuem para a condutância.

A condutividade é geralmente indicada em mho. A unidade recente de condutividade foi designada por Siemens (s) em vez de mho. A condutividade é altamente dependente da temperatura e, portanto, é relatada normalmente a 25°C para manter a comparabilidade dos dados de várias fontes.

A condutância é definida como o recíproco da resistência envolvida e expressa em mho ou Siemens (s).

TURBIDADE

A turvação é uma expressão da propriedade ótica, em que a luz é dispersa por partículas em suspensão presentes na água (efeito Tyndall) e é medida utilizando um nefelómetro. A matéria suspensa e coloidal, o plâncton e outros organismos microscópicos causam turvação na água. A turvação afecta a dispersão da luz, as propriedades de absorção e o aspeto estético de uma massa de água. O aumento da intensidade da luz dispersa resulta em valores mais elevados de turvação.

COR

Mesmo a água pura não é incolor. Tem uma tonalidade verde-azulada pálida em grandes volumes. A cor das águas naturais pode ocorrer devido à presença de ácidos húmicos, ácidos fúlricos, ácidos fúlricos, iões metálicos, fitoplâncton, ervas daninhas e resíduos industriais, etc. A cor devida aos ácidos orgânicos pode não ser prejudicial enquanto tal, mas as águas muito coloridas são objeto de objecções por motivos estéticos. A água colorida pode não ser aceite para certas utilizações nas indústrias. Várias indústrias utilizam cores artificiais (por exemplo, têxteis), que são libertadas nos seus resíduos.

OXIGÉNIO DISSOLVIDO

O oxigénio dissolvido na água é um parâmetro muito importante na análise da água, uma vez que serve como indicador das actividades físicas, químicas e biológicas da massa de água. As duas principais fontes de oxigénio dissolvido são a difusão do oxigénio do ar e a atividade fotossintética. A difusão do oxigénio do ar para a água depende da solubilidade do oxigénio e é influenciada por muitos outros factores, como o movimento da água. Temperatura, salinidade, etc. A fotossíntese, um fenómeno biológico realizado pelos autótrofos, depende da população de plâncton, dos gases em condições de luz, etc. O oxigénio é considerado como o principal fator limitante nas massas de água com materiais orgânicos. O oxigénio dissolvido é calculado por vários métodos.

AMOSTRAGEM E CONSERVAÇÃO
4.1   AMOSTRAGEM

4-1-1 INTRODUÇÃO

O significado de uma análise química depende, em grande medida, do programa de amostragem. Uma amostra ideal deve ser uma amostra válida e representativa. Estas condições são satisfeitas pela recolha de amostras através de um processo de seleção aleatória. Isto garante que a composição da amostra é idêntica à da massa de água de onde foi recolhida e que a amostra partilha as mesmas características físico-químicas com a água recolhida no momento e no local da amostragem.

A amostra recolhida deve ser de pequeno volume, suficiente para representar com exatidão a totalidade da massa de água. A amostra de água tende a adaptar-se ao novo ambiente. É necessário garantir que não ocorram alterações significativas na amostra e preservar a sua integridade até à análise (mantendo a mesma concentração de todos os componentes que na massa de água).

Os factores relevantes para qualquer programa de amostragem são

(a)   Frequência da recolha de amostras.

(b)   Número total de amostras

(c)   Tamanho de cada amostra.

(d)   Locais de recolha de amostras.

(e)   Método de recolha de amostras.

(f)   Dados a recolher com cada amostra.

(g)   Transporte e tratamento das amostras antes da análise.

(h)   **.2 LOCAL DE AMOSTRAGEM**

Os locais de amostragem da massa de água são seleccionados de modo a representar a qualidade da água em diferentes pontos e profundidades. A seleção dos locais é decidida com base no objetivo global do programa. O ponto de amostragem deve ser localizado de modo a permitir uma compreensão exacta da qualidade da água existente. Durante o projeto, os locais de amostragem na estação são os seguintes

ponto-1

ponto-2

(i)   **.3 MÉTODO DE RECOLHA DE AMOSTRAS**

As amostras foram recolhidas com recurso a garrafas de vidro e de polietileno. Durante a amostragem, foram tomadas as seguintes precauções:

(a)   Encher o recipiente de recolha de amostras até ao fim.

(b)   Proteção contra a luz solar direta.

(c)   As amostras foram colhidas em direcções opostas ao fluxo de águas residuais.

(d)   O recipiente foi completamente lavado com água.

(e)   As amostras foram recolhidas a uma profundidade suficiente.

O tempo de análise depende principalmente do tipo de parâmetros, como a temperatura; o pH e o DO devem ser determinados no campo e o mais rapidamente possível após a amostragem. O grande erro na análise com atraso de alguns parâmetros deve-se à reação redox. A cor, o odor e a turvação alteram-se com o envelhecimento das amostras. A variação na qualidade da água deve-se principalmente a alterações nas concentrações dos componentes da água que flui para a massa de água. Estes são alguns dos problemas que só podem ser resolvidos através de uma conservação cuidadosa.

(j)   .4 CONTENTOR DE AMOSTRAS

O recipiente de amostragem não deve reagir com a amostra, deve ter uma capacidade adequada para armazenar a amostra e não deve estar contaminado. Assim, recolhemos as amostras em recipientes de plástico interiores de 2,5 litros cuidadosamente limpos, que foram lavados com água destilada e água do rio antes da recolha.

4.2   CONSERVAÇÃO DA AMOSTRA.

Entre o momento em que uma amostra é colhida e analisada no laboratório, podem ocorrer reacções físico-químicas e bioquímicas no recipiente da amostra que conduzem a alterações na qualidade intrínseca da amostra, sendo necessário prevenir ou minimizar essas alterações com conservantes adequados, como o álcool e o cloreto de mercúrio. Os parâmetros altamente instáveis, como o pH, a temperatura, a transparência, o dióxido de carbono livre, o oxigénio dissolvido, etc., são medidos no local de amostragem.

É essencial proteger as amostras de alterações na composição e da deterioração com o envelhecimento devido a várias interacções. O procedimento de preservação inclui manter as amostras no escuro, adicionar um conservante químico, baixar a temperatura para retardar a reação ou uma combinação destes métodos.

As metodologias de preservação adoptadas são as seguintes:

PARÂMETROS	PRESERVATIVO	Tempo máximo de retenção
CBO	Frio, 4 C⁰	4 horas
Oxigénio dissolvido	Fixação no local	6 horas
Fluoreto	Frio, 4 C⁰	7 dias
pH	Nenhum	6 horas

Quadro 1: Conservantes e tempo máximo de conservação para diferentes parâmetros.

METODOLOGIA

A água é um meio dinâmico e a sua qualidade varia espacial e temporalmente. Para caraterizar qualquer massa de água, devem ser efectuados estudos sobre os principais componentes, características físico-químicas e biológicas. As propriedades físicas e químicas de uma massa de água doce são características das condições climáticas, geoquímicas, geomorfológicas e de poluição. A qualidade química das massas de água pode ser medida por métodos adequados. Os parâmetros analisados para avaliar a qualidade da água dividem-se, grosso modo, em:

Parâmetros físicos: Cor, temperatura, turvação e odor.

Parâmetros químicos: pH, condutividade eléctrica (C.E.), oxigénio dissolvido (D.O.), carência biológica de oxigénio (CBO).

5.1 PARÂMETROS FÍSICOS

Cor

Na água natural, a cor é devida à presença de ácidos húmicos, ácidos fúlvicos, iões metálicos, matéria em suspensão, plâncton, ervas daninhas e efluentes industriais. A cor é removida para tornar a água adequada para aplicações gerais e industriais e é determinada por comparação visual da amostra com água destilada.

Comparação visual: Cerca de 20 ml da amostra e 20 ml de água destilada foram colocados em dois tubos de ensaio de boca larga separados. Os resultados foram tabulados (como límpido, esverdeado, acinzentado, acastanhado, enegrecido, etc.) comparando a cor da amostra com a da água destilada.

TEMPERATURA

Aparelho necessário: Termómetro $0,1^0$ Divisão C.

O método eletrométrico:

O elétrodo é deixado em repouso durante 2 minutos para estabilizar antes de efetuar a leitura para obter resultados reprodutíveis (pelo menos +0,1 unidades de pH).

Aparelhos: Placas de evaporação - placa de porcelana de 100 ml, banho de vapor, estufa de secagem, exsicadores, balança Monopan e frascos de medição.

Procedimento:

(a)   O ph é determinado medindo a força eletromotriz (E.M.F.) de uma célula que inclui um elétrodo indicador (um elétrodo que reage aos iões de hidrogénio, como um elétrodo de vidro) imerso na solução de teste e o elétrodo de referência (normalmente um elétrodo de mercúrio/calomelano).

(b)   O contacto entre a solução de ensaio e o elétrodo de referência é normalmente obtido por meio de uma junção líquida, que faz parte do elétrodo de referência.

(c)   O F.M.E. desta célula é medido com um medidor de pH que é um voltímetro de alta impedância calibrado em termos de pH.

(a)   Mede-se um volume conhecido da amostra bem misturada (50 ml) para um prato previamente tarado e evapora-se até à secura a 103^0 C num banho de vapor.

(b)   A amostra evaporada é seca numa estufa durante cerca de uma hora a 103-105^0 C, cozida num exsicador e registada para peso constante.

Cálculo:

(w_1-w_2) (1000)

Sólidos totais = Volume da amostra (ml)

(mg/L)

Onde,

W1 = Peso do resíduo seco + prato

W2 = Peso do prato vazio

CARÊNCIA BIOLÓGICA DE OXIGÉNIO

Reagentes:

i.   Solução de sulfato de manganês

ii. Iodeto alcalino azida

iii. Solução de tiossulfato de sódio N/40

iv. Ácido sulfúrico concentrado

v.   Indicador de amido

Procedimento

Colher a amostra em dois frascos B.O.D.. Guardar um deles para a incubação e o outro para a determinação da D.O. inicial. Adicionar 2 ml de solução de sulfato de manganês, mergulhando a extremidade da pipeta no frasco abaixo da superfície da água. De forma análoga, adicionar 2 ml de solução de azida de iodeto alcalino ao frasco. Adicionar a rolha com cuidado para excluir as bolhas de ar e eliminar o precipitado, deixando a solução límpida acima do floco de hidróxido de manganês, agitar novamente. Após 2 minutos, retirar a rolha e adicionar imediatamente 2 ml de H2SO4 concentrado, deixando o ácido escorrer pelo gargalo do frasco. Voltar a tapar e misturar por inversão suave até a dissolução estar completa. Retirar 203 ml de solução do frasco e adicionar 1-2 ml de indicador de amido, titulando-o com 0,025. Introduzir a solução de tiossulfato de sódio na bureta. Anotar o volume de solução de tiossulfato de sódio utilizado até ao fim, quando a cor muda para azul. Da mesma forma, determinar a DO da amostra incubada a 20^0 C durante 5 dias.

OXIGÉNIO DISSOLVIDO

Reagentes:

i.   Solução de sulfato de manganês

ii.   Reagente de azida de iodeto alcalino

iii.   Solução de tiossulfato de sódio N/40

iv. H_2SO_4 concentrado

v.   Indicador de amido

Procedimento:

Colocar a amostra de água de 300 ml numa garrafa B.O.D., manter 2 ml de solução de sulfato de manganês e mergulhar a extremidade da pipeta abaixo da superfície da água na garrafa. Adicionar 2 ml de solução de azida de iodeto alcalino ao frasco, da mesma forma. Colocar a rolha com cuidado para evitar a formação de bolhas de ar e misturar até à sedimentação do precipitado, deixando-o límpido. Agitar novamente a solução acima do hidróxido de manganês. Após 2 minutos de agitação, retirar a rolha e adicionar imediatamente 2 ml de H2SO4 concentrado, deixando o ácido escorrer pelo gargalo do frasco, misturar manualmente por inversão genética até à dissolução completa. Retirar 203 ml de solução do frasco e adicionar 1-2 ml de indicador de amido, titulando-o com uma solução de tiossulfato de sódio a 0,005, colocada na bureta. Anotar o volume de solução de tiossulfato de sódio utilizado até ao fim, quando a cor muda para azul.

Análise estatística

Os dados registados durante o inquérito foram submetidos a uma análise estatística através da "técnica de análise de variância" (Gomez e Gomez, 1976). Os efeitos significativos e não significativos dos tratamentos foram avaliados com a ajuda da tabela "F" (razão de variância). As diferenças significativas entre as médias foram testadas em relação à diferença crítica ao nível de 5% de probabilidade. Para testar a hipótese, foi utilizada a seguinte tabela ANOVA 3.6.

3.2 Esqueleto da tabela ANOVA

Fonte de variação	d.f.	S.S.	M.S.S.	F(cal.)	F(tab.) a 5%
Devido às replicações	(r-1)	R.S.S	R.S.S (r-1)	M.S.S(r) E.M.S	
Devido a tratamentos	(t-1)	TrSS	TrS.S (t-1)	SS(t) E.M.S	F3, 15 F5, 15
Devido a um erro	(r-1)(t-1)	E.S.S	E.S.S (r-1)(t-1)		
Total	(rt-1)	T.S.S			

Onde,

Erro padrão Desvio (S.E.d)

O erro padrão da média foi calculado pela seguinte fórmula:

Diferenças críticas (CD)

A diferença crítica foi calculada pela seguinte fórmula:

CD =   SEd x't' erro grau de liberdade a 5%

        r=Número   de réplicas

        df=Grau   de liberdade

        SS=Soma   dos quadrados

R.S.   S=Soma   dos quadrados devido à replicação

TrS.   S=Soma   dos quadrados devido ao tratamento

$$S.E.d = \frac{\sqrt{2x\ MSSE}}{r}$$

T.S.   S=Soma total   dos quadrados

E.S.S=Soma de quadrados de   erro

M.S.S(r) =   Soma média dos quadrados devido à replicação

M.S.S(t) =   Média Soma dos quadrados devido ao tratamento

E.M.   S= Soma média dos quadrados do erro

S.E.   d= Desvio do erro padrão

Fig : 3.1- Local de eliminação das águas residuais

Fig : 3.2- Local de eliminação das águas residuais

Fig : 3.3- Local de eliminação das águas residuais

Fig : 3.4- Local de eliminação das águas residuais

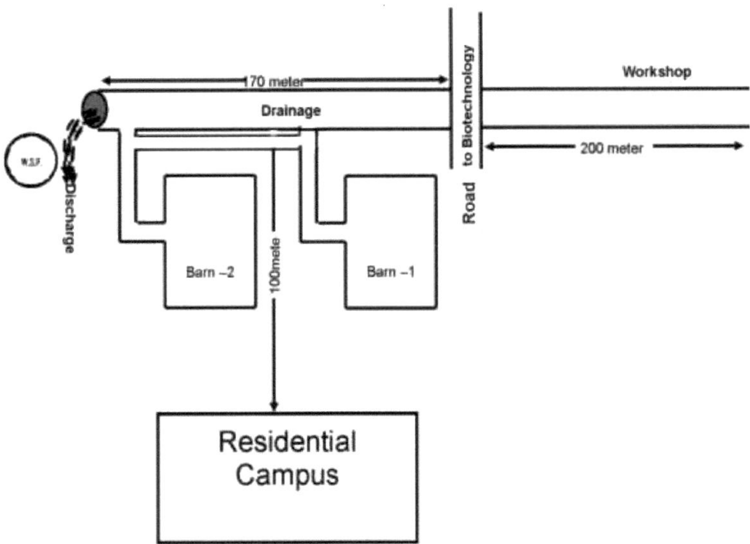

Fig 3.5 Esquema do sistema de drenagem do SHIATS

LAGOAS DE ESTABILIZAÇÃO DE RESÍDUOS

As lagoas de estabilização de resíduos são a mais simples de todas as técnicas de tratamento de resíduos disponíveis para tratar águas residuais de esgotos. As suas vantagens resultam da sua extrema simplicidade e fiabilidade de funcionamento. A natureza não pode correr mal; não há equipamento que possa falhar; não há truques para uma operação bem sucedida. No entanto, a natureza é mais lenta, exigindo períodos de detenção mais longos que, por sua vez, implicam maiores necessidades de terreno. A atividade biológica é também consideravelmente afetada pela temperatura, mais ainda nas condições naturais da lagoa. Assim, as lagoas de estabilização de resíduos são mais apropriadas quando os terrenos são baratos, o clima é favorável e se pretende um método simples de tratamento que não exija equipamento e competências operacionais.

Tipos de lagos

a)   Os tanques de estabilização aeróbica de resíduos são tanques pouco profundos, com cerca de 0,3 m de profundidade ou menos, concebidos de forma a maximizar a penetração da luz e o crescimento através da ação fotossintética. As condições aeróbicas são mantidas em toda a profundidade do tanque em todos os momentos. Estas lagoas são úteis quando se pretende a colheita final de algas, mas a sua utilização no tratamento de resíduos não tem sido generalizada.

b)   As lagoas de estabilização de resíduos anaróbios não necessitam de oxigénio dissolvido (OD) para a atividade microbiana, uma vez que os organismos anaeróbios e facultativos utilizam compostos de oxigénio, como nitratos e sulfatos, como receptores de hidrogénio, e produzem produtos finais como metano e dióxido de carbono. Estes tanques podem, por conseguinte, aceitar cargas orgânicas mais elevadas ($>100g/m^2$ /dia) e funcionar sem fotossíntese de algas. A penetração da luz não é importante e podem ser construídas a maior profundidade, sendo mais comum a construção a cerca de 3-4 m. As temperaturas superiores a 15^0 C são essenciais e a taxa de digestão aumenta sete vezes por cada aumento de 5^0 C. Uma lagoa anaeróbia pode agora ser substituída por uma manta de lamas anaeróbia de fluxo ascendente (UASB), que é efetivamente mais eficiente em termos de desempenho e igualmente não mecanizada. Os efluentes anaeróbios não são geralmente adequados para descarga sem tratamento adicional. As lagoas anaeróbias são, portanto, frequentemente instaladas em conjunto com lagoas facultativas, que as seguem.

c)   As lagoas de estabilização de resíduos facultativas são parcialmente aeróbias e parcialmente anaeróbias. Têm frequentemente cerca de 1-2 m de profundidade, favorecendo o crescimento de algas juntamente com o crescimento de microrganismos facultativos (ver fig.). A sua carga volumétrica de CBO é de cerca de 15-40 g/m^2 dia. Os tanques facultativos são predominantemente aeróbicos durante as horas de sol, bem como durante algumas horas da noite. Nas poucas horas que restam, as águas do fundo do tanque podem tornar-se anaeróbias. Os depósitos bentais são geralmente anaeróbios para além dos primeiros milímetros da interface sólidos-água. A maior parte das lagoas de estabilização de resíduos existentes no mundo são do tipo facultativo com vários graus de aerobicidade.

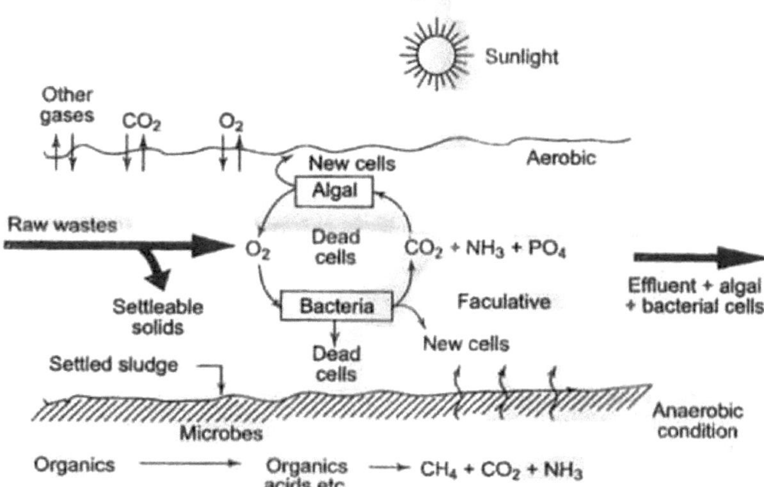

Fig.3.6. Tratamento de resíduos numa lagoa facultativa típica

As lagoas que recebem águas residuais não tratadas são designadas por lagoas de estabilização de resíduos brutos ou primários. As lagoas que recebem águas residuais parcialmente tratadas ou biologicamente tratadas para tratamento posterior são designadas por lagoas de estabilização de resíduos secundárias.

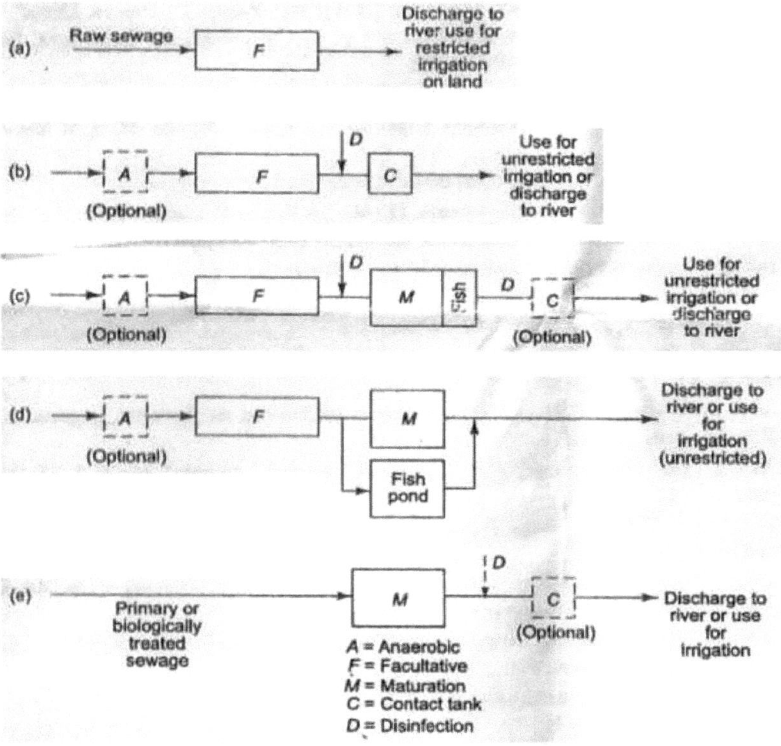

Fig.3.7. Alguns esquemas típicos de sistemas de lagoas de estabilização de resíduos

CAPÍTULO IV
RESULTADOS E DISCUSSÃO

O presente estudo "**Análise da qualidade das águas residuais e conceção da lagoa de estabilização**

de resíduos do SHIATS" foi realizado com referência ao Laboratório do Departamento de Química,

Sam Higginbottom Institute of Agriculture Technology and Sciences, Allahabad.

As várias amostras recolhidas para análise provinham do Departamento de Lacticínios, da Nova

Hospedaria e da Antiga Hospedaria. Os resultados obtidos foram apresentados num quadro. Os dados

foram analisados estatisticamente através de um procedimento estatístico adequado, a análise de

variância e a técnica da diferença crítica. As conclusões obtidas foram discutidas em pormenor neste

capítulo.

Valor do pH:

O valor do pH de dois locais diferentes foi considerado não significativo. Para o ponto 1 - O pH mais

baixo foi registado no mês de junho (6,05). O pH mais elevado registou-se no mês de maio (6,85).

Para o ponto-2, o pH mais baixo foi encontrado no mês de abril (6,52) e o pH mais alto foi encontrado

no mês de junho (6,85). Estes valores de pH, quando comparados com os valores de W.H.O. (6-7),

revelaram que as águas residuais estavam abaixo do ponto neutro.

TURBIDEZ:

O valor da turvação de dois locais diferentes foi considerado não significativo. O valor de turbidez

quando comparado com W.H.O. 5 NTU, verificou-se que para o ponto-1, foi mais baixo no mês de

maio que é 6.55. NTU e o mais elevado no mês de abril, ou seja

8,9 NTU, para o ponto 2 verificou-se que era mais baixo nos meses de abril e junho, ou seja
10,00 NTU e o mais elevado no mês de março, que é de 13,00 NTU.

B.O.D.:

O valor B.O.D. de dois locais diferentes foi considerado não significativo. O valor B.O.D. quando

comparado com o valor W.H.O. de 2 mg/l para as águas residuais.

Verificou-se que, para o ponto 1, o valor mais baixo foi registado no mês de junho, com 1,00, e o

mais alto no mês de abril, com 3,00. Para o ponto 2, o valor mais baixo e o mais alto foram registados

nos meses de maio e junho, ou seja, 6,00 e 9,00.

Dissolver o oxigénio -1

O valor DO1 de dois locais diferentes foi considerado não significativo. O valor de DO quando comparado com o valor W.H.O. (5-10) mg/l para as águas residuais do Ponto -1. O valor mais baixo de DO1 foi encontrado no mês de março, 14,00 mg/l, e o valor mais alto de DO1 foi encontrado no mês de maio, 18,00 mg/l. No ponto -2, a DO1 mais baixa foi registada no mês de março, com 16,00 mg/l, e a mais elevada no mês de abril e maio, com 28,00 mg/l.

Dissolver o oxigénio-2

O valor DO2 de dois locais diferentes foi considerado não significativo. O valor DO2, quando comparado com o valor W.H.O. de (5-10) mg/l para as águas residuais, verificou-se que, para o Ponto -1, o valor mais baixo de DO2 foi encontrado no mês de março, com 12,00 mg/l, e o valor mais alto de DO2 foi encontrado no mês de maio, com 16,00 mg/l. Para o Ponto 2, o valor mais baixo de DO2 foi encontrado no mês de junho, com 18,00 mg/l, e o valor mais alto de DO2 foi encontrado nos meses de março e maio, com 22,00 mg/l.

Condutividade eléctrica

O valor de CE dos dois locais foi considerado não significativo para o Ponto -1. O valor de CE foi mais baixo no mês de junho, ou seja, 0,008, e mais alto no mês de março e abril, ou seja, 1,08.

Resultado de março a junho

Ponto 1		pH		
Replicação	março	abril	maio	junho
1	6.08	6.72	6.85	6.55
2	6.21	6.24	6.72	6.05
Máximo	6.21	6.72	6.85	6.55
Mínimo	6.08	6.24	6.72	6.05
Média	**6.145**	**6.48**	**6.785**	**6.3**
Resultado		NS		
S. Ed. (±)		1.590		
C.D. a 5%		3.371		
Ponto 2		pH		
Replicação	março	abril	maio	junho
1	6.84	6.52	6.68	7.01
2	6.62	6.62	6.85	7.00
Máximo	6.84	6.62	6.85	7.01
Mínimo	6.62	6.52	6.68	7.00
Média	**6.73**	**6.57**	**6.765**	**7.005**
Resultado		NS		
S. Ed. (±)		0.085		
C.D. a 5%		0.181		

Fig 4.1. Valor do pH dos pontos 1 e 2 de março a junho

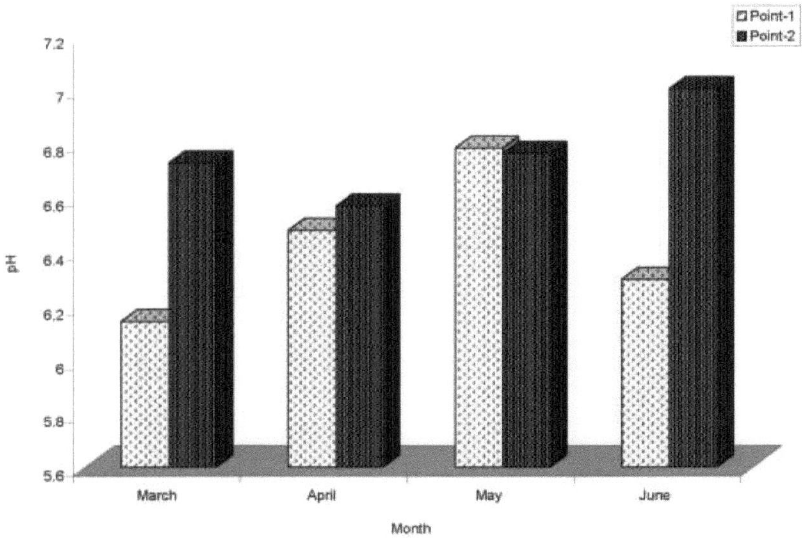

Fig 4.2. Valor do pH dos pontos 1 e 2 de março a junho

Ponto 1		DO1		
Replicação	março	abril	maio	junho
1	14.00	16.00	14.85	14.00
2	14.50	15.00	18.00	16.00
Máximo	14.50	16.00	18.00	16.00
Mínimo	14.00	15.00	14.85	14.00
Média	**14.25**	**15.5**	**16.425**	**15**
Resultado		NS		
S. Ed. (±)		0.902		
C.D. a 5%		1.913		
Ponto 2		DO1		
Replicação	março	abril	maio	junho
1	27.00	26.00	28.00	27.00
2	16.00	28.00	28.00	25.00
Máximo	27.00	28.00	28.00	27.00
Mínimo	16.00	26.00	28.00	25.00
Média	**21.5**	**27**	**28**	**26.00**
Resultado		NS		
S. Ed. (±)		2.796		
C.D. a 5%		5.927		

Fig. 4.3. Valor DO1 dos pontos 1 e 2 de março a junho

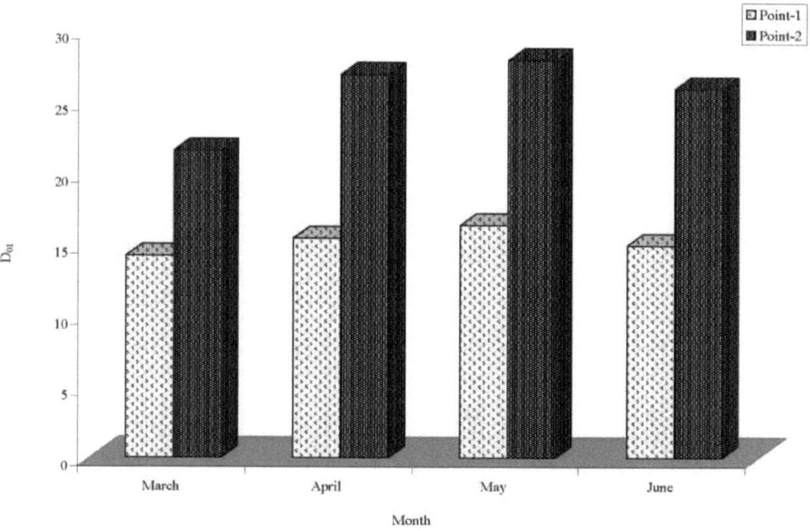

Fig. 4.4. Valor DO1 do Ponto 1 & 2 de março a junho

Ponto 1		DO2		
Replicação	março	abril	maio	junho
1	12.00	13.00	12.05	12.50
2	12.50	12.50	16.00	14.00
Máximo	12.50	13.00	16.00	14.00
Mínimo	12.00	12.50	12.05	12.50
Média	**12.25**	**12.75**	**14.025**	**13.25**
Resultado		NS		
S. Ed. (±)		0.954		
C.D. a 5%		2.023		

Ponto 2		DO2		
Replicação	março	abril	maio	junho
1	20.00	19.00	19.00	18.00
2	22.00	20.00	22.00	19.00
Máximo	22.00	20.00	22.00	19.00
Mínimo	20.00	19.00	19.00	18.00
Média	**21**	**19.5**	**20.5**	**18.5**
Resultado		NS		
S. Ed. (±)		0.479		
C.D. a 5%		1.015		

Fig. 4.5. Valor DO2 dos pontos 1 e 2 de março a junho

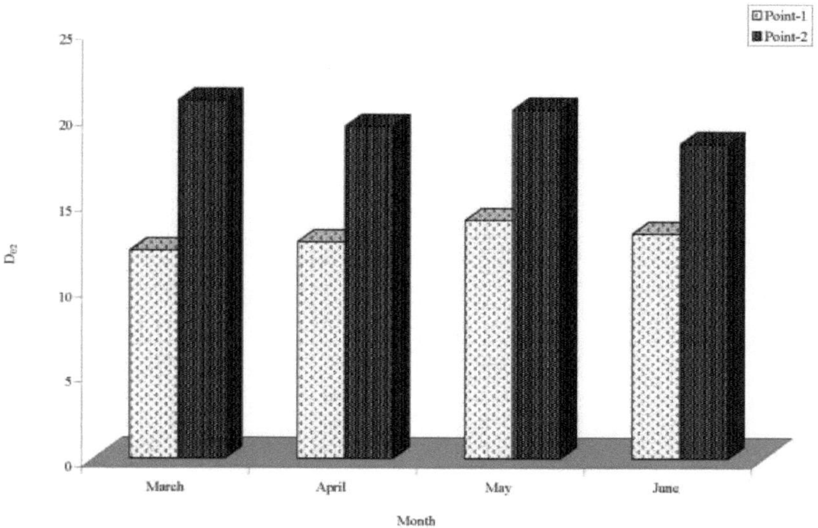

Fig 4.6. Valor DO2 do Ponto 1 & 2 de março a junho

Ponto 1		CBO		
Replicação	março	abril	maio	junho
1	2.00	3.00	2.80	1.50
2	2.00	2.50	2.00	2.00
Máximo	2.00	3.00	2.80	2.00
Mínimo	2.00	2.50	2.00	1.50
Média	**2**	**2.75**	**2.4**	**1.75**
Resultado		NS		
S. Ed. (±)		0.248		
C.D. a 5%		0.514		
Ponto 2		CBO		
Replicação	março	abril	maio	junho
1	7	7.00	9.00	9.00
2	6	8.00	6.00	6.00
Máximo	7	8.00	9.00	9.00
Mínimo	6	7.00	6.00	6.00
Média	6.5	**7.5**	**7.5**	**7.5**
Resultado		NS		
S. Ed. (±)		1.145		
C.D. a 5%		2.348		

Fig. 4.7. Valor de CBO dos pontos 1 e 2 de março a junho

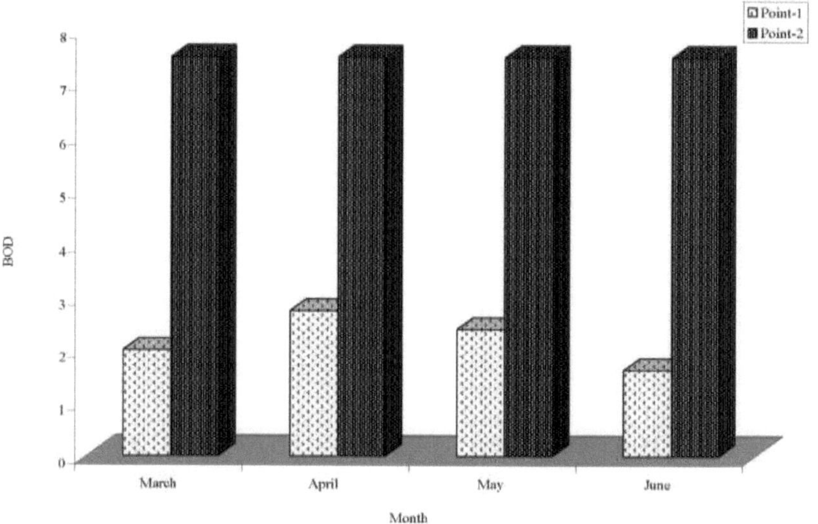

Fig. 4.8. Valor de CBO do ponto 1 e 2 de março a junho

Ponto 1		Turbidez		
Replicação	março	abril	maio	junho
1	8.02	8.60	6.55	7.80
2	8.00	8.90	8.60	8.50
Máximo	8.02	8.90	8.60	8.50
Mínimo	8.00	8.60	6.55	7.80
Média	**8.01**	**8.75**	**7.575**	**8.15**
Resultado		NS		
S. Ed. (±)		0.455		
C.D. a 5%		0.965		
Ponto 2		Turbidez		
Replicação	março	abril	maio	junho
1	12.00	11.00	12.50	11.85
2	13.00	10.00	12.00	10.00
Máximo	13.00	11.00	12.50	11.85
Mínimo	12.00	10.00	12.00	10.00
Média	**12.5**	**10.5**	**12.25**	**10.925**
Resultado		NS		
S. Ed. (±)		0.598		
C.D. a 5%		1.268		

Fig. 4.9. Valor de turbidez dos pontos 1 e 2 de março a junho

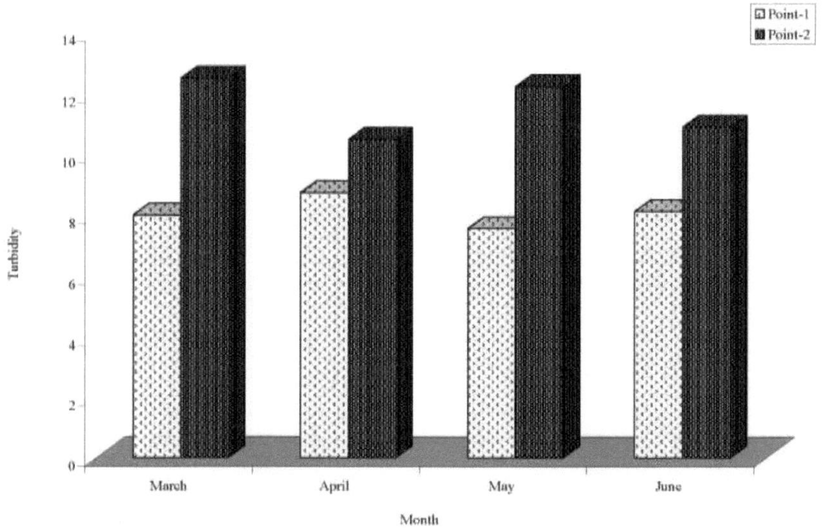

Fig 4.10. Valor de turbidez dos pontos 1 e 2 de março a junho

Ponto 1		CE		
Replicação	março	abril	maio	junho
1	1.05	1.02	0.009	0.008
2	1.08	1.08	1.05	1.02
Máximo	1.08	1.08	1.05	1.02
Mínimo	1.05	1.02	0.009	0.008
Média	**1.065**	**1.05**	**0.5295**	**0.514**
Resultado		NS		
S. Ed. (±)		0.283		
C.D. a 5%		0.601		
Ponto 2		CE		
Replicação	março	abril	maio	junho
1	1.80	1.02	1.08	1.08
2	1.90	1.50	2.00	1.06
Máximo	1.90	1.50	2.00	1.08
Mínimo	1.80	1.02	1.08	1.06
Média	**1.85**	**1.26**	**1.54**	**1.07**
Resultado		NS		
S. Ed. (±)		0.212		
C.D. a 5%		0.450		

Fig. 4.11. Valor CE dos pontos 1 e 2 de março a junho

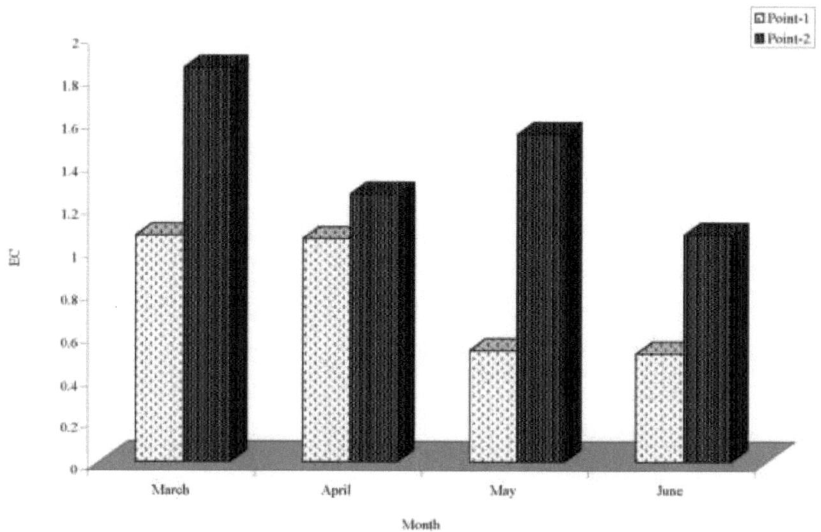

Fig. 4.12. Valor da CE dos pontos 1 e 2 de março a junho

Parâmetro de conceção da lagoa de estabilização de resíduos

Contribuição de águas residuais per capita por dia (WWC) para uma população estudantil (Pe) de 10.000.

Um valor moderado de contribuição de águas residuais per capita por dia, incluindo perdas por infiltração, para este estudo é,

WWC =70   Litros/Capita/Dia

Contribuição de CBO per capita por dia (CBO)

Os valores de CBO, normalmente, variam entre 30 e 70 gm por pessoa por dia, dependendo do tipo de dieta.

CBO =40   gm/capita/dia

Carga Orgânica Total (B)

A carga orgânica total pode ser calculada como,

B=Pe x (CBO)   Eq=1

Aplicando os valores de Pe e CBO acima indicados, a carga orgânica total B será

B-400 kg/dia

Carga volumétrica *(λv)*

A variação do valor de projeto admissível para λv é calculada em função da latitude da Índia. Esta relação pode ser expressa matematicamente como:

$$\lambda v = 375 - 6{,}25L$$

Onde L= Latitude,° N (gama considerada Carga de CBO em lagoas facultativas em Índia com latitude

Latitude (º N)	Carga de CBO de projeto (kg/ha dia)
36	150
32	175
28	200
24	225
20	250
16	275
12	300
8	325

Quadro n.º 13 Fonte: Ministério do Desenvolvimento Urbano da Índia.

Região de Allahabad latitude 25 N^0

$\lambda v = 200$ para a região de Allahabad

Conceção de lagoas anaeróbias

O volume dos tanques anaeróbios (Va) em m^3 é comparado utilizando a fórmula de Mara e Pearson (1987), ou seja

$$Va = (LiQ)/\text{⅛}vEq \qquad .4$$

Colocando os valores na Eq. - 4 Va será

$$Va = 1998 \quad ,5 \ m^3$$

O tempo de retenção é normalmente de dois dias e a profundidade de 2,5 metros. O desalojamento pode ser necessário dentro de 2 a 5 anos, pelo que, muitas vezes, dois tanques são dispostos em paralelo para permitir que um seja retirado de serviço para desalojamento.

Tempo de retenção= Va/Q (Q=WWCxPe)

=3 dias

N.º de lagos=2

Volume de cada tanque=Va/2

= 999.25 m^3

Profundidade de cada tanque=2 ,5 metros

A área de cada tanque anaeróbio será de = 399,7 m^2

A CBO removida na lagoa anaeróbia pode ser calculada através da seguinte equação

% de remoção de B.O.D. = 2T+20=72%

Para ser conservador=55%

Conceção das lagoas facultativas

Estes tanques são geralmente concebidos tendo em conta a carga máxima de CBO por unidade de superfície para a qual o tanque ainda terá uma zona aeróbia substancial, porque a atividade biológica depende da temperatura. McGarry e Pescode (1970) forneceram a seguinte equação para esta carga de CBO superficial (IS):

$\lambda v(max) = 60.3 (1.099)_{T2}$ Eq-5

Onde λS (max) é a carga máxima de DBO na superfície em Kg/ha/dia e T=Temperatura média mensal mínima. A Eq-5 foi modificada por Mara e Silva (1979) como,

$\lambda S = 20T - 120$ Eq-6

A Eq-6 foi ainda alterada por Arthur (1983), especialmente para climas quentes, ou seja

$\lambda S = 20T - 60$ Eq-7

Colocando o valor de T na Eq-7

$T = 26°$

$\lambda S = 460$ Kg/ha/dia

Assumindo uma remoção de 55% da CBO nas lagoas anaeróbias, a CBO afluente às lagoas facultativas será de 45%, ou seja, 45% de Li ou Li = 0,45 x 571

Li = 257 mg/litro

A superfície a meia profundidade das lagoas facultativas (Af) em m^2 pode ser calculada através da seguinte fórmula (Mara e Pearson, 1987)

$Af = (10 x Li x Q) / \lambda S$ Eq-8

$Af = 4184$ m^2

Profundidade média das lagoas facultativas = 1,75 m

Volume das lagoas facultativas Vf = 7322 m^3

N.º de tanques facultativos nf = 2

Área de cada lago = 2092 m^2

Volume de cada tanque = 3661 m^3

CAPÍTULO V
RESUMO E CONCLUSÃO

A presente investigação sobre a análise da qualidade das águas residuais e a conceção do tanque de estabilização de resíduos do SHIATS foi efectuada no departamento de química do Sam Higginbottom Institute of Agriculture Technology and Sciences, Allahabad. Foram recolhidas amostras de águas residuais de duas fontes diferentes.

P_i - Águas residuais do departamento de lacticínios e do celeiro

P_2- Águas residuais da leitaria, do novo albergue, do antigo albergue e do celeiro.

As medidas de tratamento são tomadas sob a forma de lagoa de estabilização de resíduos em W.S.P. Uma maior quantidade de sol e uma temperatura mais elevada contribuem para uma remoção mais eficiente dos agentes patogénicos das águas residuais. A qualidade das águas residuais da Leitaria, do Antigo Albergue e do Novo Albergue não era satisfatória para a irrigação e outros fins.

O estudo global é centralizado para a determinação da qualidade das águas residuais do Departamento de Lacticínios, do Antigo Albergue e do Novo Albergue. Para este efeito, as águas residuais de diferentes fontes são analisadas através da realização de testes de parâmetros físico-químicos.

CONCLUSÃO

A qualidade das águas residuais do SHIATS está gravemente contaminada em dois locais de amostragem, no ponto P1 as águas residuais estão moderadamente poluídas durante o curso do estudo. Também se pode concluir que, como o valor de B.O.D. é menor. A lagoa de estabilização de resíduos é a melhor opção para o tratamento de águas residuais. As pessoas que dependem desta água devem estar a sofrer os perigos para a saúde causados pelas águas residuais. É urgentemente necessária uma medida rigorosa e eficaz para a qualidade das águas residuais do Sam Higginbottom Institute of Agriculture.

BIBLIOGRAFIA

Aiuppa, A., Bellomo, S., Brusca, L., and Alessanro, W.D. (2003), Natural and anthropogenic factors affecting groundwater quality of an active volcano (Mt. Etna, Italy), Applied Geochemistry 18, 863-882.

Ahluwalia, A.S., Kaur, M. e Dua. (1989). Características físico-químicas e efeito de alguns efluentes industriais no crescimento de algas verdes Scendesmus spp. Indian. J. Environ. Hlth. 31 (5): 112-119.

Allen e H.E. (1993). A importância da especiação de metais vestigiais para os critérios e normas de qualidade da água, dos sedimentos e do solo. Procedimentos da Segunda Conferência Europeia sobre Ecotoxicologia. Ecotoxicologia. Sloof, W.; de-Kruijf, H. 1-2, 23-46.

Biao H, Xuezheng S, Dongsheng Y, Timothy F, Weixia S e Fergus L, S. (2006). Environmental assessment of small-scale vegetable farming systems in peri-urban areas of the Yangtze River Delta Region, China Agriculture, Ecosystems & Environment Volume 112, Issue 4, março, Páginas 391-402.

Bichi, M.H. e Anyata. (1999). "Industrial Waste Pollution in the Kano River Basin", Environmental Management and Health , 10(2), pp. 112-116".

Brik, Lokk K, Elessment e Raual L. (1995). Contaminação microbiana resistente ao cloro na água potável proc. Est. Acad. Sci., Ecol.5 : 124-133.

Dang, Nhan K, Ana M, Marc V, C, J., e Johan V., (2006). Inputs de alimentos, qualidade da água e acumulação de nutrientes em sistemas integrados de tanques: Uma abordagem multivariada. Aquaculture 261, 160-173.

Datta, K.K., Sharma, V.P. e Sharma D, P., (1998). Estimativa de uma função de produção para o trigo em condições salinas. Agricultural Water Management 36, 85-94.

David L, Dieter H, Amos e Roumiana H (2004). Análise de factores como ferramenta na gestão da qualidade das águas subterrâneas: dois estudos de caso da África Austral. Física e Química da Terra 29 (2004) 1135-1143.

Dekker, A.G., Malthus T J., Wijnen M, M., e Seyhan E. (1992). Remote sensing as a tool for assessing water quality in Loosdrecht lakes. Hydrobiologia Volume 233, Número 1-3, pp 137-159.

Deleebeeck, N. M., K.A., De Scharnphelaere e Janssen C, R., (2006). Um modelo de biodisponibilidade que prevê a toxicidade do níquel para a truta arco-íris (Oncorhynchus mykiss) e para o peixe-galo (Pimephales promelas) em águas sintéticas e naturais. Ecotoxicol. Segurança. Safety. 67: 1-13.

Ezeronye O,U., e Ubalua A,O., (2005). Estudos sobre o efeito de efluentes industriais e de abatedouros nos metais pesados e na qualidade microbiana do rio Aba, na Nigéria. Revista Africana de Biotecnologia Vol. 4 (3), pp. 266-272.

Feng G,L., Letey J., Chang A, C., e Campbell M, M., (2005). Simulação de opções de gestão de resíduos líquidos de lacticínios como fonte de azoto para as culturas. Agriculture, Ecosystems and Environment 110 219-229.

Fontenot, Bonvillain, C., Kilgen e Boopathy R. (2007). Efeitos da temperatura, salinidade e relação carbono: azoto no reator descontínuo sequencial de tratamento de águas residuais de aquacultura de camarão. Bioresource Technology, Essex, n.98, p.1700-1703.

Gunkel, G., Kosmol J, Sobral M, Rohn H, Montenegro S e Aureliano J. (2007). A indústria da cana-de-açúcar como fonte de poluição hídrica - estudo de caso sobre a situação do rio Ipojuca, Pernambuco, Brasil. Water, Air, and Soil Pollution 180:261-269.

Hazen T C e Esch G W. (1983). Efeito dos efluentes de uma fábrica de fertilizantes azotados e de uma fábrica de pasta de papel na distribuição e abundância de Aeromonas hydrophila em Albemarle Sound, Carolina do Norte. Appl Environ Microbiol. janeiro; 45(1): 31-42.

Hernandez R, M. E., Van K, R., Schetrite, e Albasi. (2005). Papel e variações dos compostos sobrenadantes na incrustação do biorreactor de membrana submersa Dessalinização 179(13): 95-107.

Howitt J, A., Baldwin D, S., Rees G, N., e Williams J, L., (2006). Modelação de águas negras: Previsão da qualidade da água durante a inundação de florestas fluviais de planície.

Ikhu O, Kuipa P, K e Hove M. (2005). Uma avaliação da qualidade dos efluentes líquidos de fábricas de cerveja opaca em Bulawayo, Zimbabué. Água SA
Vol. 31

Muller K, Magesan G, N e Bolan N, S. (2006). Uma revisão crítica da influência da irrigação com efluentes no destino dos pesticidas no solo.

Lambert K, Smedema e Karim S., (2002). Irrigation and Salinity: a Perspective Review of the Salinity Hazards of Irrigation Development in the Arid Zone (Irrigação e Salinidade: uma Revisão da Perspetiva dos Riscos de Salinidade do Desenvolvimento da Irrigação na Zona Árida). Irrigation and Drainage Systems Vol. 16, 2: 161-174

Lim H, S. (2003). Variações na qualidade da água de uma pequena bacia hidrográfica tropical urbana: implicações para a estimativa da carga e a monitorização da qualidade da água. The Interactions between Sediments and Water Developments in Hydrobiology Volume 169, 2003, pp 57-63.

Liu, Chen W, Lin, Kao Hung, Kuo e Ming Y,I., (2003). Aplicação da análise de factores na avaliação da qualidade das águas subterrâneas numa área de doença do pé negro em Taiwan. Sci. Total Environ. 313 77-89.

Miyamoto, S., Cruz e I. (1986). Variabilidade espacial e amostragem do solo para avaliação da salinidade e sodicidade em pomares de regadio superficial. Soil Sci. Soc. Am. J. 50.

Muhammad A e Muhammad M, S., (2006). Efeito de práticas culturais melhoradas no rendimento das culturas e na salinidade do solo sob aplicações de águas subterrâneas relativamente salinas.

Irrigation and Drainage Systems Volume 20, Número 1, pp 111-124.

Mondal N, C., Saxena V, K., e Singh V, S., (2005). Impact of pollution due to tanneries on groundwater regime. Current Science, Vol. 88, NO. 12.

Nather Khan I, S, A., (1991). Efeito dos resíduos urbanos e industriais na diversidade de espécies da comunidade de diatomáceas num rio tropical, Malásia. Hydrobiologia Volume 224, Número 3, pp 175-184.

Nawaz S, Ali S, M e Yasmin A. (2006). Efeito de efluentes industriais na germinação de sementes e no crescimento inicial de Cicer arientum. J. Biosci, 6: 49-54.

Ouyang Y. (2005). Avaliação de estações de monitorização da qualidade da água de rios através da análise de componentes principais. Water Res 39(12):2621-35.

Panda U, C., Sundaray S, K., Rath P, Nayak B, B. e Bhatta D. (2006). Aplicação da análise fatorial e de clusters para a caraterização de sistemas hídricos fluviais e estuarinos Um estudo de caso: Mahanadi River (In- dia). Journal of Hydrology, Elsevier. 331, 434-445.

Richards e L.A. (1954). Diagnosis and improvement of saline and alkali soils, USDA Handbook no. 60, Washington, 160.

Robert P, W e Jay Keeffe H, O. (1990). Downstream effects of impoundments on the water chemistry of the Buffalo River (Eastern Cape), South Africa Hydrobiologia Volume 202, Issue 1-2, pp 71-83.

Sangodoyin A, Y. (1995). "Características e controlo da poluição gerada por efluentes industriais", Environmental Management and Health, Vol. 6 Iss: 4, pp.15 - 18

Sharma, D.P., Rao K, V, G, K., Singh K, N., Kumbhare P, S., e Oosterbaan R, N., (1994). Conjunctive use of saline and non-saline irrigation waters in semi-arid regions (Utilização conjunta de águas de irrigação salinas e não salinas em regiões semi-áridas). Irrig. Sci., 15:25-33.

Shrestha S e Kazama F. (2006). Avaliação da qualidade das águas de superfície utilizando técnicas estatísticas multivariadas: Um estudo de caso da bacia do rio Fuji, Japão. Environ. Model. Software, 22 (4), 464-475.

Shukla M, K, Lal K e Ebinger M. (2006). Determinação de indicadores de qualidade do solo por análise fatorial.

Simeonov V, Stratis J, A, Samara C, Zachariadis G, Voutsa D, Anthemidis A, Sofoniou M e Kouimtzis T. (2003). Avaliação da qualidade das águas superficiais no norte da Grécia. Water Research;37:4119-4124.

Singh, K.P., Malik e Sinha S. (2005). Avaliação da qualidade da água e repartição das fontes de poluição do rio Gomti (Índia) utilizando técnicas estatísticas multivariadas: um estudo de caso. Analytica Chimica Ata, 538(1-2): 355-374.

Skoulikidis N, T e Amaxidis Y. (2006). Análise dos factores que determinam a composição da água dos cursos de água e síntese dos instrumentos de gestão - um estudo de caso sobre pequenas/médias bacias hidrográficas gregas. Sci. Total Environ. 362 (1-3): 205-41.

Sophia Passy I e Robert Bode W. (2003). Afinidade do modelo de diatomáceas (DMA), um novo índice para a avaliação da qualidade da água. Hydrobiologia Volume 524, Edição 1, pp 241-252

Stigter TY, Ribeiro L e Carvalho Dill AMM. (2006). Aplicação de um índice de qualidade das águas subterrâneas como instrumento de avaliação e comunicação em políticas agro-ambientais - Dois casos de estudo portugueses. Journal of Hydrology.327, 578-591.

Subrahmanyam K e Yadaiah P. (2001). Avaliação do impacto dos efluentes industriais na qualidade da água em Patancheru e arredores, distrito de Medak, Andhra Pradesh, Índia. Hydrogeology Journal 9(3): 297-312.

Thomas Rutkowski, Liqa Raschid-Sally e Stephanie Buechler. (2007). Wastewater irrigation in the developing world - Two case studies from the Kathmandu Valley in Nepal. agricultural water management 88, 83-91

Uba e Beatrice Nnene. (1995). Características microbiológicas das águas residuais de uma fábrica de fertilizantes à base de azoto e fosfato. Bioresource Technology vol. 51 issue 23. p. 143-152.

Verslycke T, Vangheluwe M, Heijerick D, De Schamphelaere K, Van Sprang P e Janssen CR. (2003). A toxicidade de misturas de metais para o misticóide estuarino Neomysis integer (Crustaceae: Mysidaceae) em condições de salinidade variável. Aquatic Toxicology 64, 307315.

Weber J, Karczewska A, Drozd J, Licznar M, Licznar S, Jamroz E. e Kocowicz A. (2007). Aspectos agrícolas e ecológicos de um solo arenoso afectados pela aplicação de compostos de resíduos sólidos urbanos. Soil Biology and Biochemistry, 39, 12941302.

Wilcox e LV. (1955). Classification and use of irrigation waters. Departamento de Agricultura dos EUA, Washington DC, 19.

Yuce G, Pinarbasi A, Ozcelik S e Ugurluoglu D. (2006). Poluição do solo e da água derivada de actividades antropogénicas na bacia do rio Porsuk, Turquia, Enviro. Geol., 49, 359-375.

Zhang Q, Shi X, Huang B, Yu D, Oborn I, Blomback K, Wang H, Pagella TF e Sinclair FL. (2007). Qualidade da água superficial de áreas urbanas baseadas em fábricas e vegetais na região do Delta do Rio Yangtze, China. Catena, 69: 57-64.

I want morebooks!

Buy your books fast and straightforward online - at one of world's fastest growing online book stores! Environmentally sound due to Print-on-Demand technologies.

Buy your books online at
www.morebooks.shop

Compre os seus livros mais rápido e diretamente na internet, em uma das livrarias on-line com o maior crescimento no mundo! Produção que protege o meio ambiente através das tecnologias de impressão sob demanda.

Compre os seus livros on-line em
www.morebooks.shop

Printed by Books on Demand GmbH, Norderstedt / Germany